さわって学べる

Power Platform Copilot

大澤文孝 著

[技術監修]

パーソルクロステクノロジー株式会社

モダンアプリソリューション部

日経BP

はじめに

近年、目まぐるしく発展しているAI(人工知能)。難度もどんどん下がり、誰もが手軽に利用できるようになりました。

AIと言えばチャットや画像生成が有名ですが、業務アプリに組み込むことで、DXを大きく改善する効果もあります。例えば、問い合わせの自動化。社内規定やFAQなどのドキュメントを事前に登録しておき、そこから回答できるチャットボットを作れば、質問がくるたびに回答していたやりとりを自動化できます。類似する話題として、メールも挙げられます。お客様からの問い合わせを受けるメールシステムにおいて、メールの内容から怒り具合をAIで判断し、怒っているようであれば優先度を上げてクレーム担当に自動連絡するなど、内容による振り分けを実現できます。また返信の文面を作る場面においても、雑に入力した文章を丁寧な文に書き換えるAI機能があれば、丁寧語として入力する手間が省け、時短につながります。このように、業務アプリへのAIの組み込みは、少しの工夫で改善できる余地が大きい分野です。

本書では、マイクロソフト社の「Power Platform」のAI機能を使うことで、業務アプリがどのように変わるのかを示していきます。Power Platformは、プログラムのコードを書く必要がなく、入出力部品を画面上に並べたり、処理フローを線で結んだりするだけで業務アプリを作れるローコードツールで、専門家でなくても使えます。そうしたローコードツールに新たにAI機能が搭載されたことで、専門家でなくても、簡単にAI機能を組み込める時代になったのです。

本書の特徴はさわって学べることです。「アップロードされたファイルを要約してTeamsに通知する」「社内規定などのドキュメントから回答できるチャットボット」などのサンプルを作りながら、どのようにすれば、業務アプリにAI機能を組み込めるのかを具体的に指南します。

また、Power Platformには、開発をサポートするAI機能もあります。「在庫管理アプリを作る」「商品管理アプリを作る」など、作りたいものを入力すると、データ構造と画面のひな型を即座に作れます。ちょっとした業務改善アプリを素早く作れ、開発スピードは従来と比べものにならないほど速くなります。

もはやAIは難しいものでなく、誰もが気軽に使えるものです。

本書によって「AIの導入は難しいものではない」ということが伝わり、皆さんがAI開発を進めるきっかけとなれば幸いです。

2024年5月　**大澤文孝**

監修者より

「2025年までに新しく作成されるアプリケーションの70％は、ローコードで開発されるようになる」。米国のIT調査会社ガートナーがこのように発表しました。従来のアプリケーションはほぼすべてITの専門家が作成したものですが、これから開発されるアプリケーションの70％は、ITの専門家ではない一般ユーザーが主体になってローコードツールで開発されるとの予測です。

背景にあるのは生産労働人口の減少という問題です。パーソル総合研究所は「2030年には644万人の労働人口が不足する」という調査結果を出しています。この問題は2030年以降も解決する見通しはなく、少子高齢化により若者の数が減り、各業界で人材獲得競争がますます激しくなると予想されています。

企業は生き残っていくために、自動化やAIの技術を活用し、限られた人数で生産性を向上させようと「DX（デジタルトランスフォーメーション）」に取り組んでいます。多くのDX人材は自らアプリケーション開発を手掛け、結果として、ガートナーが発表しているようにアプリケーションの70％がローコードで開発されるようになるのでしょう。

2030年問題、2040年問題、2050年問題として予測されている労働人口不足問題により、企業が求める人材像が急激に変化しつつあります。技術力をしっかり身につけておけば、個人のキャリア形成にもきっと役立ちます。「DX人材と言われてもイメージできない」という方は、ローコードツールによるアプリケーション開発に一度チャレンジしてみてはいかがでしょうか。そうすれば、自分に合ったDX人材像が見えてくるかもしれません。

そのためのツールとして、複雑なプログラミングをすることなくアプリケーションを開発できる「Power Platform」は適しています。現在稼働中のアプリケーションは使っている技術が古いため改修が難しく、新しい機能を追加することも困難であることが多々あります。それに対してPower Platformは、新しいアプリケーションの開発、古いシステムから新しいシステムへの移行、売り上げデータの分析など、さまざまなことが簡単にできます。「アプリケーション開発って難しそう」と感じている方に、ぜひ触れていただきたいツールです。本書では、近年話題になっているAIに焦点を当て、Power Platformの活用法を紹介しています。Microsoftが提供している「Copilot」というサービスを中心に、いま使える最新のアプリケーション開発を学ぶことができます。

皆さまがDX人材になるために、本書がその一助になれば幸いです。

パーソルクロステクノロジー株式会社
モダンアプリソリューション部　一同

目次

第4章　AIを使った要約システム

第5章　社内資料から調べて回答するボット

Appendix　Power Platformの開発環境を構築する

01

第1章

AI時代のアプリ開発

生成AIをはじめとする実用的なAIが登場したことで、コンピューターシステムが、いま大きな変革を遂げようとしています。今後、システムにAI機能が実装されていくのはもちろん、開発ツールにも、さまざまなAIが組み込まれ、開発経験がなくてもシステム開発できる時代が到来します。

この章では、AIの登場によって、今後、アプリ開発がどのように変わり、どう活用していけばよいのかの道筋を示します。

1-1 「機能としてのAI」と「開発支援としてのAI」

これまでコンピューターの歴史において、さまざまなAIが登場しました。「AIが使いモノになる」と認められる大きな転機となったのが、ここ数年の生成AIの登場です。

生成AIは、私たちがふだん使っている自然言語（日本語や英語）を使ってコンピューターに指示を与えることができる、画期的な発明です。

こうしたAIの進化によって、アプリ開発は、これから大きく変わることが予想されます。そのアプローチは、「機能としてのAI」と「開発支援としてのAI」の2通りあります（**図1-1**）。

①機能としてのAI

まず、アプリ自体にAI機能を組み込むケースが増えてくることが予想されます。つまり、アプリの機能としてAIを実装していくアプローチです。

例えば、「文章を入力すると要約してくれる／翻訳してくれる」「請求書から金額に相当する部分だけを抜き出してくれる」「レシートをアップロードすると画像処理してテキスト化してくれる」「お問い合わせの内容から顧客が怒っているかを判断して優先度を設定する」など、従来のコーディングでは実現できなかったことが、実現できるようになります。

こうしたAI機能の組み込みは、アプリの便利さ、自動化、高度化へとつながります。

②開発支援としてのAI

もう一つは、アプリ開発の工程にAIを活用するアプローチです。「こういう項目を保存するデータベースを作って」「そのデータベースに入力するユーザーインターフェース（以下「UI」）を作って」「こういう処理ロジックを作って」というように、文字形式の会話で指示しながらアプリを作っていく、いわば、開発支援のAIです。

開発にAIを活用すれば、アプリ開発の経験が少ない人（もしくはまったく経験がない人）でも、アプリを作れるようになります。

もちろん、熟練の開発者にも、大きな恩恵があります。それは、時短です。

アプリ開発では、コードや式、プロパティ（属性の意）などを一つひとつ設定する必要がありますが、AIを使えば、一瞬で終わります。例えば、アプリを構成する画面の文字をまとめて大きくしたいとき、「すべてのコントロール（ボタンやメニューなど画面上に配置できる部品のこと）の文字を大きくする」などと指示するだけで済みます。このように開発にAIを活用することで、いままでよりもはるかに短い時間で、高機能なアプリを作れるようになります。

機能としてのAI

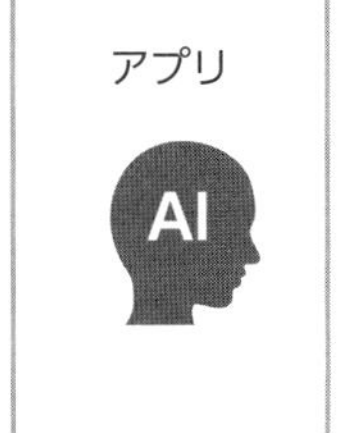

自然言語を使ったユーザーとの対話など、これまでできなかったことが可能になる

開発支援としてのAI

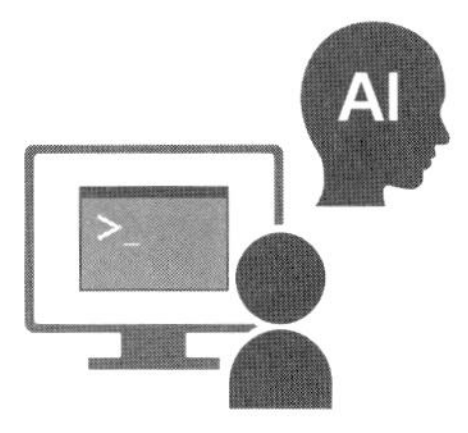

開発経験が少ない人でも開発可能になり、熟練者が活用すれば短時間での開発が可能になる

図1-1 「機能としてのAI」と「開発支援としてのAI」

1-2 ローコードとAI

近年は、現場で使うアプリを、その現場の人が創意工夫しながら作る「市民開発（Citizen Developer）」が注目を集めています。現場の人は、現場のことをよく知っているので本当に必要なものが作れます。全部をまとめて作る必要もないので、いま欲しいものをいますぐ作るというように、スピード感にもすぐれます。

とはいえ現場の人は、開発に詳しいわけではありません。そのため処理コードを書くプログラミングは難しく現実的ではないため、ローコード（少量のコードだけで実現する）で開発できる各種ツールが使われています。

本書で扱うPower Platformも、そうしたローコードツールの一つです。Power Platformは、いくつかの開発ツールの集合体です。代表的なものとして、アプリを作成する「Power Apps」と、処理フローを構築する「Power Automate」があります。

UIを構築するには、Power Apps上でデータベースと連動したコントロールを配置すればよく、配置するだけで、入力したデータが更新されます。ボタンをクリックしたときの処理も、ごく簡単なコードで実現できるように工夫されています（**図1-2**）。

処理フローを構築するPower Automateについても、画面上でブロックを並べて処理フローを作ることができ、開発経験がなくても作れるような工夫が随所になされています（**図1-3**）。

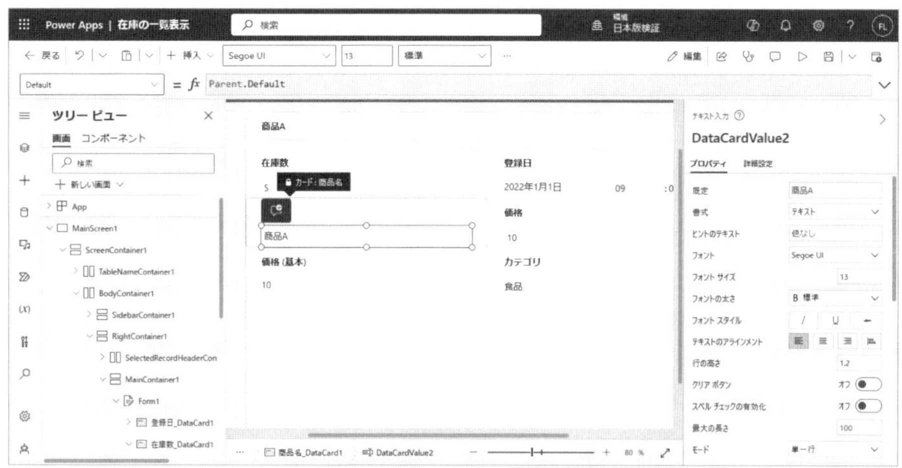

図1-2　Power PlatformによるUIの構築（Power Apps）

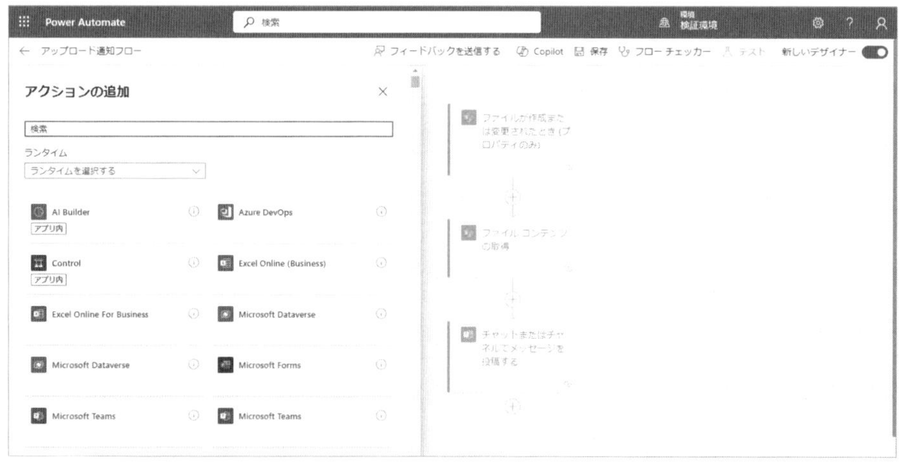

図1-3　Power Platformによるフローの構築（Power Automate）

とはいえ見かけが簡単であっても、学習が必要で、誰もがすぐに作れるわけではありません。ある程度の機能を持つものを作るとなれば、そこそこの開発時間がかかります。

しかし、こうしたローコードツールに開発を支援するAIの機能が加わったら、どうでしょうか。例えば、「在庫管理アプリを作りたい」と入力するだけで、そんなアプリが作れるとしたら……（**図1-4**）。

Power PlatformにAI機能が追加されたいま、それを実現できます。もちろん、一発で作られるのは、汎用的な機能を持ったもので、目的に合うようにカスタムされたものではありません。しかし、作られたものにさらに会話で指示していくことで、好みのものにカスタムできます。本書では、そんなAI時代のアプリ作りの流れを第3章でお見せします。30分もあれば、ある程度、アプリのかたちになります。

ローコードツールにAIによる開発支援機能が加われば、日本語で指示しながら短時間で目的のアプリを構築できるようになり、市民開発が一気に現実味を帯びてきます。

作りたいものを日本語(もしくは英語など)で指示すると、そうした機能を持つアプリを作れる

図1-4　作りたいものを指示するとアプリが作れる

1-3 Power PlatformのAI機能

Power Platformには、「機能としてのAI」も「開発支援としてのAI」も、備わっています。

1-3-1 機能としてのAI

機能としてのAI——すなわち、アプリにAI機能を組み込むアプローチ——としては、「AI Builder」と「Copilot Studio」が実現しています。

AI Builder

Power AppsやPower Automateなどには、AI機能を利用できるコントロールが提供されています。これを「AI Builder」と呼びます。

AI Builderには、「GPTでプロンプトを使用してテキストを作成する」という生成AIを実行する代表的なコントロールのほか、テキストの感情分析、画像のテキスト化、名刺や請求書などの定型フォーマットの書類を分析し、「住所」「氏名」「金額」などを抽出するコントロールなどがあります（**図1-5**）。

アプリにAI機能を組み込むときは、こうしたAI Builderのコントロールを使います。

図1-5　AI Builderで提供されるコントロール（Power Automateの例）

Copilot Studio

Copilot Studioは、会話するボットを作るサービスです。あらかじめ応対を登録しておき、その応対をもとに返答を作ったり、入力された内容によって処理フローを動かしたりできます。もともとPower Virtual Agentsと呼ばれていた機能で、AIの機能が追加され、現在の「Copilot Studio」に改称されました（**図1-6**）。

AI機能では、生成AIと会話できるのはもちろん、事前に登録した資料、もしくは、インターネットで検索した結果をもとに、回答することもできます。つまり、FAQなどから回答するチャットボットを簡単に作れます。

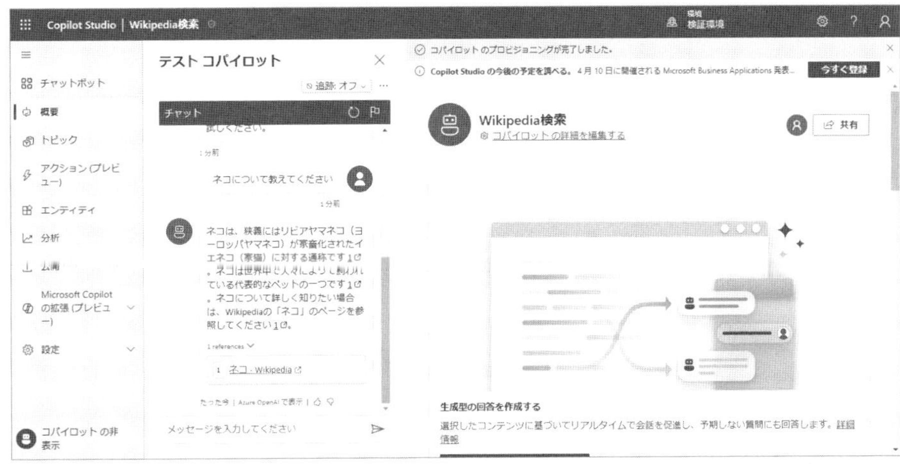

図1-6　Copilot Studio

1-3-2 開発支援としてのAI

開発支援としてのAIは、全体的に「Copilot」と呼ばれます。Power AppsやPower Automateなどの各ツールにおいて、会話用のウィンドウとして備わっています。日本語（もしくは英語などほかの言語）で指示すると、その指示の通りにUIやフローなどを調整してくれます（図1-7）。

図1-7 Copilot

1-3-3 AI機能の費用

本書では、主に「AI Builder」「Copilot Studio」「Copilot」の3つのAI機能を使います。それぞれかかる費用が異なりますが、本書では、それぞれの試用版を用いて無償で体験できます。

①AI Builder

「AI Builderクレジット」と呼ばれる課金単位が採用されています。事前購入（もしくは契約しているライセンスで定められた、毎月自動付与される分）でチャージしておきます。AI Builderで何か処理すると、それぞれの処理ごとに決まった量のクレジットが消費され、クレジットがなくなると、実行できなくなります。

②Copilot Studio

別途、Copilot Studioのライセンスが必要です。処理できる最大のメッセージ数単位での課金です。

③Copilot

利用に際して、追加の費用はかかりません。Power Platformのライセンスの範囲内で利用できます。

memo Copilot自体は無償ですが、後述するDataverse（これは有償のライセンスです）が必要です。Dataverseの環境の種類や、開発者環境でできることなどは、こちらのURLを参照してください。

https://learn.microsoft.com/ja-jp/power-platform/admin/environments-overview#power-platform-environment-types

https://learn.microsoft.com/ja-jp/power-platform/developer/plan#which-features-are-included-in-the-power-apps-developer-plan

1-4 本書の目的と構成

本書の目的は、Power Platformを使って、AI開発を体験することです。いくつかの代表的なPower Platformのサービスを組み合わせたサンプルをハンズオン形式で、実際に、構築していきます。

1-4-1 本書で扱うMicrosoft 365／Power Platformのサービス

本書では、いくつかのMicrosoft 365やPower Platformのサービスを利用します。利用するサービスは、以下の通りです。

・Dataverse

Power Platformの環境上に構築できる表形式のデータベース機能を提供するサービスです。Copilotの利用には、Dataverseが必須であるため、データベース機能を使わなくても必要です。

・SharePoint

サイトの構築やファイル共有、リスト管理（表形式のデータ）を扱うサービスです。本書では、SharePointにアップロードされたファイルを処理したり、ユーザーが入力した情報を保存したりするのに使います。

・Teams

組織においてメッセージのやりとりをするサービスです。本書では、Power Platformのフローから通知を送信する際の送信先の例として使います。

・Outlook
メールをやりとりするサービスです。本書では、Power Platformのフローから、メールを送信する際の例として使います。

・Power Apps
アプリを作成するサービスです。

・Power Automate
フローを構築するサービスです。

・Copilot Studio
チャットボットを作るサービスです。

1-4-2 本書の流れと紹介するサンプル

本書では、こうしたサービスを組み合わせて、いくつかのアプリの実例を作っていきます。
各章の内容とサンプルは、以下の通りです。

・Power Platformの開発環境
まず、第2章では、Power Platformを使ってAIアプリ開発を進めるための環境作りを解説します。なお、Power Platformは、Microsoft 365（Office 365）環境で動作します。Microsoft 365環境自体の構築方法は、Appendixにとりまとめています。

・Copilotを使った会話による開発
続く第3章では、Power Platformの開発支援としてのAI機能である「Copilot」を使い、会話しながらのアプリ開発が、どのようなものであるかを見ていきます。この章では、Power AppsとPower Automateを使います。Power AppsでUIを構築し、在庫情報を入力できるようにします。そしてPower Automateを使って、在庫が一定数を下回ったときは、メールで通知する仕組みも作ります。

・AIを使った要約システム
第4章は、Power Platformを使った生成AIの実例です。SharePointにファイルをアップロードすると、その内容を生成AIで要約し、Teamsに投稿するフローを作ります。

・社内資料から調べて回答するボット

第5章では、近年、引き合いの多い、FAQなどの資料を検索して回答するチャットボットを作ります。利用するのは、Copilot Studioです。あらかじめアップロードした資料から検索して、回答できる仕組みを作ります。また、皆が、どのような質問をして、その結果、どのような回答が得られたのかを集計する機能や、Teamsに組み込んで、Teamsから会話できるようにする方法も解説します。

1-4-3 AI開発の注意点とコツ

最後に、本書を読み進めるにあたっての注意点を記しておきます。それは、AIの処理は気まぐれで、必ずしも同じような結果には、ならないという点です。

本書では一部、生成AIに対して、日本語を入力してUIやフローを作らせる操作をしていますが、読者の皆様が、まったく同じ入力をしても、その通りにはならない可能性があります。生成AIは回答にランダムな要素を持つため、2回同じ質問をしても、1回目と2回目とで、回答が異なってもおかしくありません。そしてまた、Power PlatformのAI機能は、まだ実装されたばかりである点にも、注意してください。

本書の内容は、2024年4月現在のものであり、今後、機能が強化され、できることが広がっていくことでしょう。それに伴い、いまはできないことができるようになるのはもちろんですが、逆に、AIアルゴリズムの変更等により､いまはできることができなくなる可能性もあります。このように述べると、AIは不確実性が高く、「あまり使いモノにならないのではないか」と思われるかもしれませんが、そんなことはありません。とくに生成AIは、会話で指示できるため、もし望みの動作にならないなら、追加で指示を出せますから、何度でもやり直せます。一発で正解を求めず、何度かやり直しすることを前提に付き合うのが、AIを賢く使うコツです。

02

第2章

Power Platformの開発環境

2-1 Power Platformと環境

Power Platformは、Microsoft 365の枠組みの中で動く、クラウドでアプリケーションを動かすためのプラットフォームです。本書では、Power Platformを実際に使ってAIアプリを開発していきます。それに先立ち、必要となる開発環境について説明します。

2-1-1 環境

Power Platformでは、アプリやチャットボット、さまざまなフローを作ることができます。こうした生成物ならびに生成物からアクセスできるデータは、「環境（Environment）」と呼ばれる場所に配置します（図2-1）。

- Power Platformを使い始めるときは（Power Platformの契約をしたときに）、「テナント名（既定）」という名前の既定の環境が一つ作られます（この名前は変更できます）。この既定の環境でPower Platformを使うこともできますが、追加の環境を作ることもできます（最大いくつの環境を作れるのかはライセンスによります）。
- 環境は、それぞれ独立しています。ですから、開発用の環境と本番用の環境を分けて使うこともできます。分けておけば、開発用の環境から、間違って本番用のデータにアクセスしてしまう事故を防げます。
- それぞれの環境は、どの地域で運営するかを決める「リージョン」と呼ばれる設定があります。データはリージョンを越えることはありません。つまり、日本のリージョンに置いたデータが、海外に流れてしまうことはありません。

memo 「テナント」とは、Microsoft 365（およびOffice 365。以下同じ）において、組織を示す概念です。Microsoft 365を契約すると、テナント用のMicrosoftアカウントが作られ、運用するドメイン名が決まります（初期値は「管理者名@ランダム文字列.onmicrosoft.com」ですが、独自ドメインを使うように構成することもできます）。テナントは、この「@以降」の組織単位のことです。

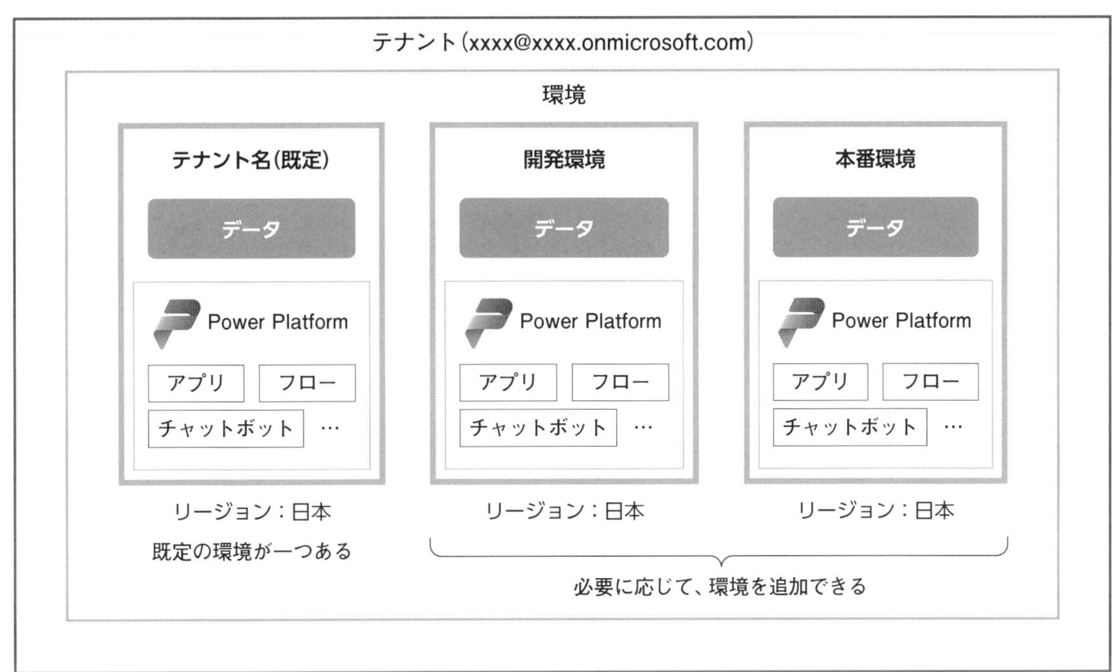

図2-1　Power Platform環境

2-1-2　AI開発のための環境

本書では、Power Platformを使ったAI開発をしていきますが、それにあたって、この章では、AI開発用の「環境」を新たに作り、その環境で作業を進めていきます。すでに存在する「テナント名(既定)」をそのまま使わず、新たな環境を作る理由は、2つあります。

①開発者として構築した環境で進めるため

環境を作るときは、いくつかの種類を選べます。あとで説明しますが、「開発者」として環境を構築すると、本番運用はできないけれども、保有するライセンスに関わらず、Dataverseならびに、プレミアムコネクタと呼ばれる他サービス(主にMicrosoft 365以外)との接続機能など、ほぼフル機能を使える環境を作れます。

②AI開発のための設定が必要であるため

AI開発では、環境に対して、いくつかの追加の設定が必要です。具体的には、次の3つの設定が必要です。

(1) CopilotとAI Builderをオンにする

Power PlatformのAI機能であるCopilotとAI Builderは、それぞれ環境ごとにオン・オフを設定できます(デフォルトではオンです)。

(2) Dataverseが必要

Dataverseは、Power Platformで提供される表形式のデータベースです。行と列からなるテーブルとして構成され、Excel表に似た形式で、さまざまなデータを格納できます。

Dataverseは、環境にひも付きます。Power Platformが持つAI機能のいくつかは、対象のデータをDataverseに保存することを前提としているため、環境にDataverseを構成しておかないと、AI機能が使えません。

(3) リージョンによっては地域間のデータ移動を許可する必要がある

Power Platformが提供するAI機能のうち、生成AIに関するものは、マイクロソフトのクラウドサービス「Microsoft Azure」上で動作している「Azure OpenAI Service」の機能を使っています。

生成AIの機能を使うときは、このAzure OpenAI Serviceにデータを渡し、その結果を得るという動作になっているのですが、Power Platformの環境が提供されているリージョンと同じリージョンで、Azure OpenAI Serviceが提供されていない地域があります。2024年4月現在、日本はそうした地域の一つです。

Azure OpenAI Serviceが提供されていないリージョンで生成AIの機能を使うには、環境のオプションで「地域間でデータを移動する」を有効にしなければなりません。こうすることで、データがリージョンをまたいで渡され、生成AIで処理できるようになります。

memo 環境のリージョンに対して、どのリージョンのAzure OpenAI Serviceが使われるのかは、リージョンごとに対応が決まっています。日本の場合は、米国リージョンが使われます。詳細については、「コパイロットと生成AI機能をオンにする」(https://learn.microsoft.com/ja-jp/power-platform/admin/geographical-availability-copilot)を参照してください。

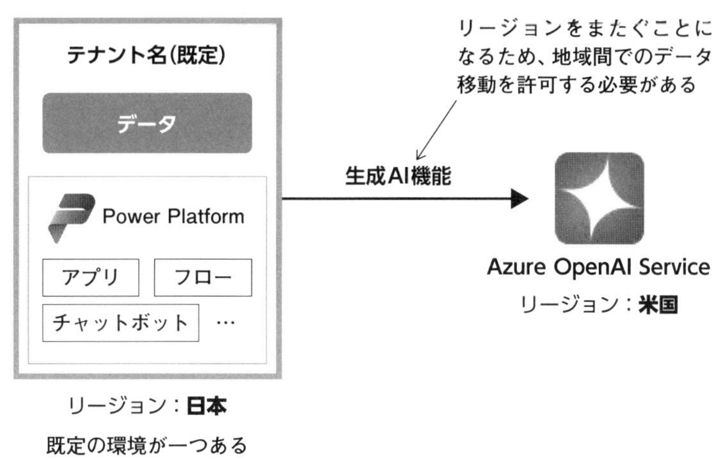

図2-2　一部のリージョンでは、地域間でのデータ移動を許可しないと、生成AIが使えない

2-2 AI開発のための環境を作る

ここまで説明した制約を踏まえると、Power PlatformでAI開発をするには、AI開発用の環境を新たに作るほうが、トラブルが少なくて済みます。そこで以下では、日本リージョンに、「検証環境」という名前の環境を作成し、AI開発ができるように構成していきます。

memo 以下では、あらかじめMicrosoft 365環境が構築されていることを前提としています。試用版を用いて、Microsoft 365環境を構築する方法については、Appendixを参照してください。

memo AI機能がどの程度実装されているのかは、リージョンによって異なります。「2-1-2　AI開発のための環境」で触れたように、日本リージョンの環境は、「地域間でデータを移動する」を有効にすることでAI機能が使えますが、米国リージョンに比べて、いくつかの機能が実装されていないこともあります。最新のAI機能を使いたい場合は、米国リージョンの利用も検討するとよいでしょう。ただし、日本以外のリージョンにおいては、日本語が適切に扱えないこともあります。

2-2-1 Power Platform管理センターを開く

環境の作成は、Power Platform管理センターから操作します。次のいずれかの方法で開けます。

①直接URLを入力する

ブラウザーで、次のURLにアクセスします。

【Power Platform管理センター】
https://admin.powerplatform.microsoft.com/

②Power AutomateやPower Appsなどの下部メニューには、[Power Platform] のメニューがあります。ここから [Power Platform管理センター] をクリックして開きます（図2-3）。

どちらの方法でも、図2-4に示すPower Platform管理センターが開きます。

図2-3　Power Platformメニュー

図2-4　Power Platform管理センター

2-2-2 新規環境を作成する

Power Platform管理センターから操作し、環境を新規に作成します。本書では、下記の手順で、日本リージョンに「検証環境」という名前の環境を作成します。

手順 環境を作成する

[1] [環境] メニューを開く

画面左側のメニューから［環境］をクリックします（図2-5）。

図2-5 ［環境］をクリックする

[2] 環境を新規作成する

左上の［＋新規］をクリックします（図2-6）。

図2-6　環境を新規作成する

[3] 環境の情報入力①

「名前」「地域」「種類」「目的」「Dataverseデータストアの有無」を設定します。下記すべての項目を入力したら、［次へ］をクリックします（図2-7）。

・名前

任意の名前です。ここでは「検証環境」とします。

・地域

環境を配置する「リージョン」のことです。ここでは「日本」を選択します。

・種類

環境の種類を選択します。ここでは「開発者」を選択し、開発者環境として作ります。

memo　開発者環境は、Power Apps開発者プランのライセンスを持つユーザーが作成できる特殊な環境です。環境の所有者による使用を目的としたもので、Power Platformのサブスクリプションを所有していなくても開発できます。

・目的

任意の目的を入力します。ここでは空欄にしておきます。

・代理で作成

テナントの管理者が操作しているときのみ表示されます。［はい］を選ぶことで別のユーザーを所有者にできる機能ですが、ここでは［いいえ］のままにしておきます。

・Dataverseデータストアを追加しますか？

開発者環境を選択した場合は、［はい］が自動で選択されます（AI開発にはDataverseが必要ですが、今回は「開発者環境」のため、Dataverseやプレミアムコネクタは無償で使えます）。

・Azureの従量課金制とは？

利用した分だけ支払う従量課金制にするかを設定します。［開発者］として作成する場合、この選択肢は選べません。

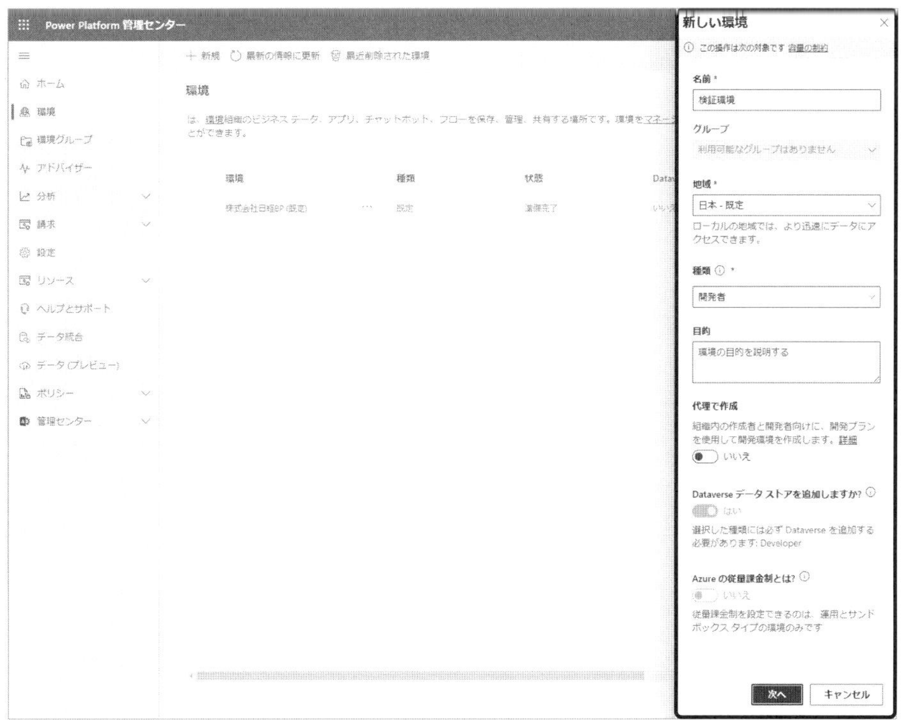

図2-7　環境の情報入力①

[4] 環境の情報入力②

言語、通貨などを入力します。「日本語（日本）」「JPY（¥）」を設定します。サンプルアプリおよびデータの展開には、[いいえ] を選択して、展開しないことにします。[保存] をクリックすると、環境が作られます（**図2-8**）。

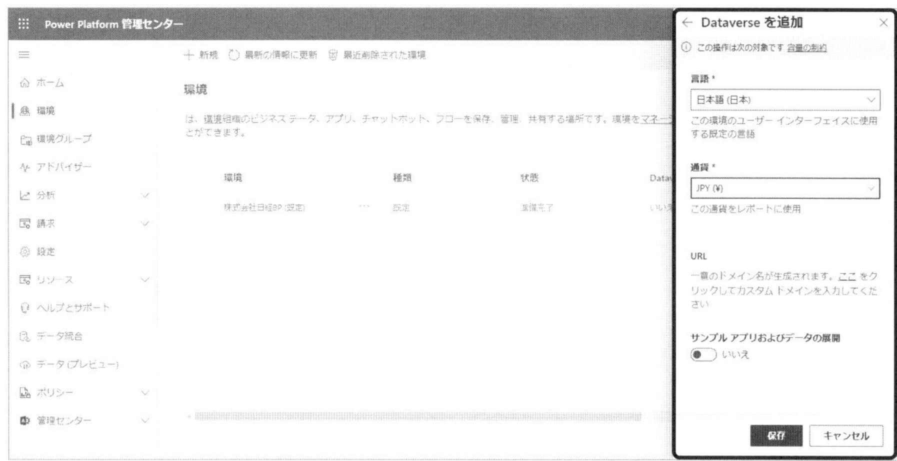

図2-8　環境の情報入力②

[5] 環境が作られた

環境が作られました。状態が「準備完了」になると使えます（**図2-9**）。画面は自動更新されないので、適宜、[最新の情報に更新] をクリックして確認してください。

memo 準備中の段階では、Dataverseが [いいえ] になっていますが、まだ作られていないという意味です。状態が準備完了になると [はい] に変化します。

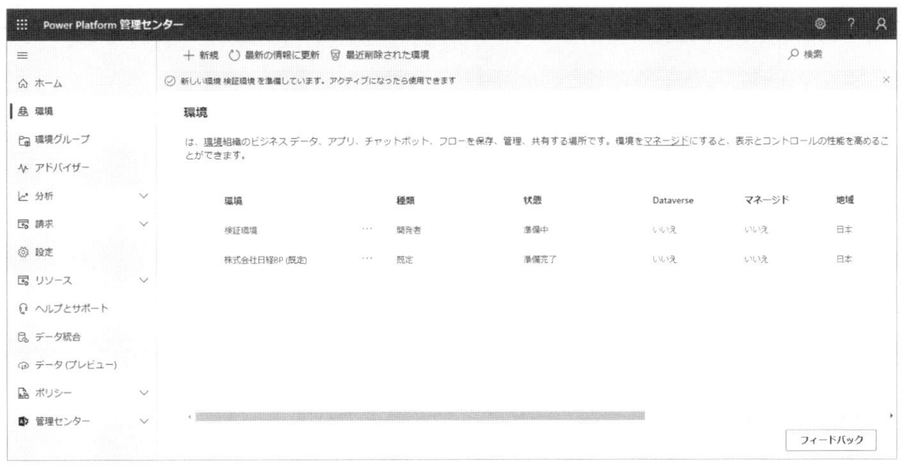

図2-9　環境が作られた

2-2-3 AI開発のためのオプションを構成する

続いて、AI開発のためのオプションを構成します。

memo 2024年4月時点において、ここまでの一連の手順で日本リージョンに環境を作成した場合、AI開発に必要なオプションは、デフォルトでオンになっていましたが、念のため下記の手順で、設定確認することを推奨します。

手順 環境においてAI開発できるように構成する

[1] 対象の環境を選択する

環境の一覧画面（前掲の**図2-9**）から、今回設定する対象環境の「検証環境」をクリックします。

[2] 生成AI機能を有効にする

下のほうにスクロールし、［生成AI機能］の［編集］をクリックします。［リージョン間でデータを移動する］と［Bing検索］の両方にチェックが付いていることを確認します（**図2-10**）。

図2-10 生成AI機能が有効になっていることを確認する

[3] AI BuilderとCopilotを有効にする

環境の画面から[設定]をクリックします(**図2-11**)。設定画面が開いたら、[製品]メニューをクリックして開き、[機能]をクリックします(**図2-12**)。[Copilot]にある2つのチェックボックスと、[AI Builder]のチェックボックスが、すべてオンになっていることを確認します(**図2-13**)。

図2-11　［設定］をクリックする

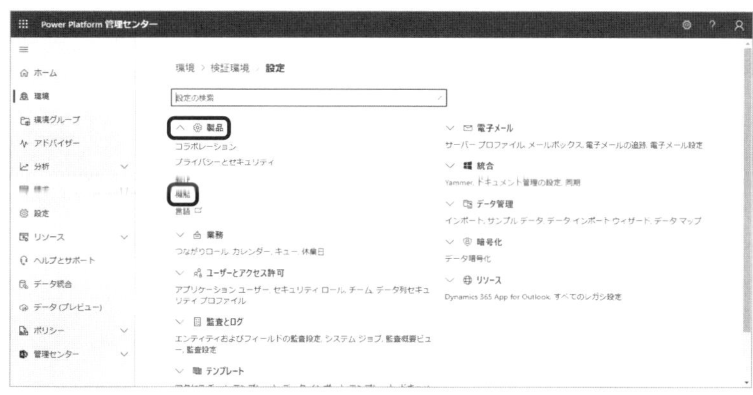

図2-12　［製品］—［機能］をクリックする

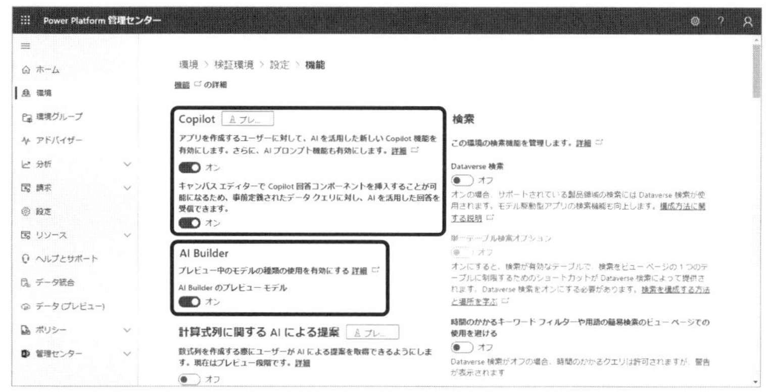

図2-13　CopilotおよびAI Builderに関する機能がオンになっていることを確認する

2-2-4 AI Builder試用版をアクティブ化する

「1-3-3 AI機能の費用」で説明したように、AI Builderを利用するには、AI Builderクレジットが必要です。

AI Builderクレジットは、Power Automate Premiumプランなどに含まれていますが、ここでは、AI Builder試用版をアクティブ化することで、AI Builderクレジットを入手します。

AI Builder試用版をセットアップすると200,000クレジットが付与され、その範囲でAI Builderの機能を利用できます（2024年4月現在）。

> **memo** AI Builderクレジットは、ライセンスに含まれているもののほか、Microsoft 365管理センターで購入できます。詳細については、「AI Builderライセンスとクレジットの管理」（https://learn.microsoft.com/ja-jp/ai-builder/credit-management）を参照してください。

> **memo** AI Builderクレジットが切れると、AI Builderの処理はエラーで停止するようになります。AI Builderクレジットを増やす方法については、コラム「AI Builderのクレジットが足りないときは」（p.37）で説明します。

AI Builderは、Power AppsおよびPower Automateに含まれる機能であり、どちらのサービスからでも試用版を有効化できます。以下では、Power Appsを操作して有効化します（Power Appsで有効化すれば、Power Automateでも使えるようになります）。

手順 AI Builder試用版をアクティブ化する

[1] Power Appsを開く

まずは、Power Appsを開きます。Microsoft 365のページ（https://microsoft365.com）から、「Power Apps」を検索し、クリックして開きます（図2-14）。

図2-14 Power Appsを開く

[2] 環境を切り替える

Power Apps(およびPower Automate)は、環境ごとに切り替えて操作します。開いた直後は既定の環境になっているので、作成済みの「検証環境」に切り替えます(図2-15)。

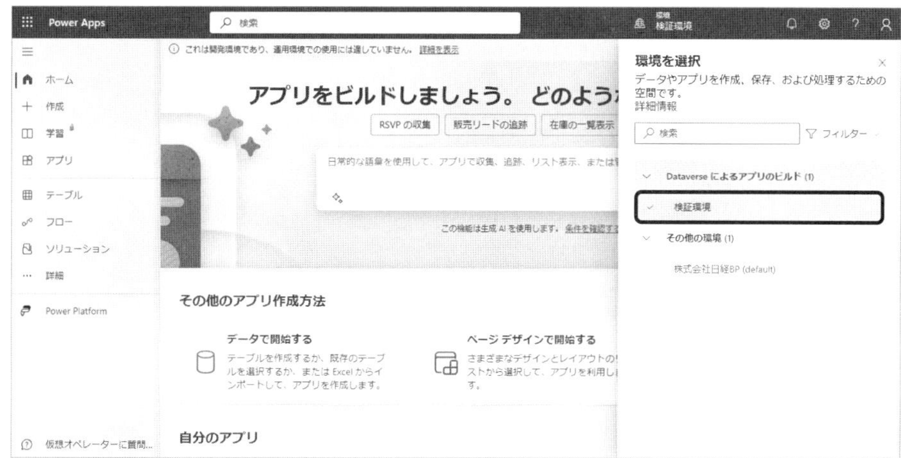

図2-15　検証環境に切り替える

[3] AIハブを開く

[詳細]メニューから[AIハブ]をクリックして開きます(図2-16)。

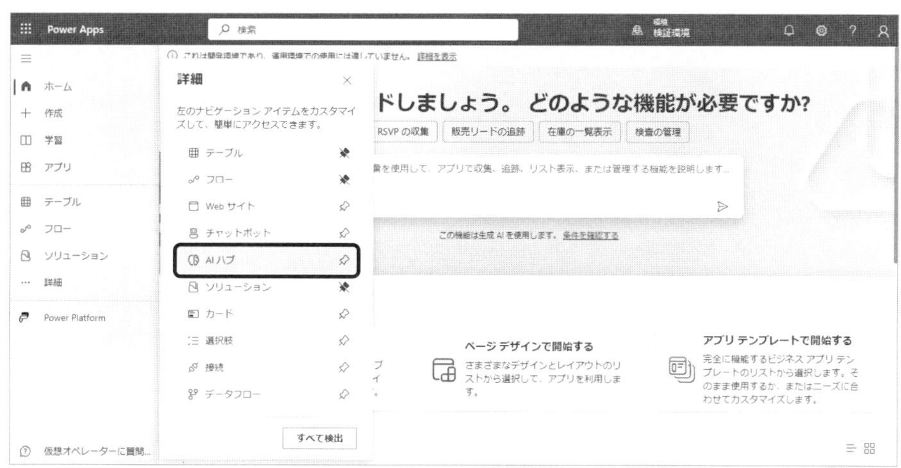

図2-16　AIハブを開く

[4] AI Builderの試用版をアクティブ化する

上のバーに試用版の開始の案内が表示されます。[無料評価版の開始] をクリックすると「無料試用版が延長されました」と表示され、試用版がアクティブ化されます（**図2-17**、**図2-18**）。

図2-17　無料試用版を開始する

図2-18　試用版がアクティブ化された

コラム AI Builderのクレジットが足りないときは

AI Builder試用版をアクティブ化すると、AI Builderクレジットが200,000クレジット分加算され、AI Builderを使うたびに、クレジットが減っていきます（どれだけ減るのかは、AI Builderの処理によります）。

AI Builderクレジットを使い切ると、エラーが発生して処理が実行できなくなったり、メッセージが表示されたりします（**図2-19**）。

試用版を利用している場合、期限切れになってライセンスを延長するとクレジットが増えます。詳細については、「AI Builder試用版」（https://learn.microsoft.com/ja-jp/ai-builder/ai-builder-trials）のドキュメントを参照してください。

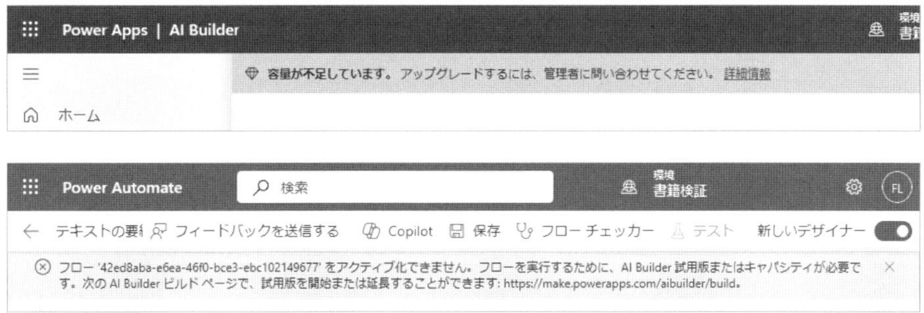

図2-19　クレジットが足りなくなったときのエラー

03

第3章

Copilotを使った会話による開発

3-1 Copilotで作れる手軽なアプリ開発

Power Platformに新しく加わったのが「Copilot」と呼ばれる開発支援機能です。本章では、Copilotを使うと開発がどのように変わるのか、その流れを解説します。

Power Platformを使った開発は、画面に部品を並べたり、動作の式を設定したり、フロー制御をブロックで並べたりする構成であるため、従来のコーディングによる開発に比べて、はるかに簡単です。ただ、式の設定の方法やフローのブロックのそれぞれの役割を学習する必要があるなど、誰でもすぐに開発を始められるわけではありません。それに対して「Copilot」は、ふだん私たちが使っている日本語などの自然言語で指示してアプリを作れるので、開発のハードルはさらに下がり、「誰でもすぐに開発を始められる」と言っても言い過ぎではないように思います。

Copilotは、Power AppsやPower Automateの画面の右側に常設し、文字形式の会話を画面上で行いながらアプリを作ったり修正したりできます（**図3-1**）。

図3-1 Copilot機能

3-1-1 時短になるCopilot

Copilot機能はベテラン開発者にとっても使う意義があります。それは、手作業よりも素早く開発できる点です。画面上に配置したコントロールを一つひとつ設定したり、一連のフローを構築したりするのはそれなりに時間がかかります。こうした場面でCopilotを使えば、短時間で素早くアプリを開発できるようになります。

3-1-2 Copilotは確実ではない

Copilotは優れた開発支援機能ですが、デメリットもあります。それは、確実に動くとは限らないという点です。本書を執筆している現在「まだ開発中」であり、できる機能が限られています。そしてAIは気まぐれで、「さっきと同じ入力をしたのに、今回は同じ処理にならない」ということもあります。

使い慣れてきて、「だいたいこういう言葉で指示すれば、処理してくれるだろう」というコツがつかめるまでは、うまく動く言葉を探す「言葉探し」になってしまい、手作業でやったほうが早いとなってしまう場面も少なくありません。

本書の執筆時点では、できることは限られていますし、うまくいかないことも多いです（英語ではできるのに日本語ではできないこともあります）。しかしそれでも、うまく使えば劇的な時短につながるのは確実です。

以下では、実際にCopilotを使った開発を紹介しますが、AIなので、「その通りに入力しても、同じ動作にはならない」という点に留意して読み進めてください。AIの進化は早いので、きっと本書を読んでいる頃には、いくつかの機能はうまく動くようになり、そして、さらに、新たなこともできるようになっていると思います。

3-2 会話しながら在庫管理アプリを作る

ここでは例として、在庫管理アプリを作ります。在庫管理に必要な情報として「商品画像」「商品コード」「商品名」「カテゴリ」「価格」「在庫数」「備考」を扱えるようにします（**図3-2**）。手作業だといろいろと面倒ですが、Copilotによる支援機能を使えば、だいたい30分もあれば作れます。

図3-2　これから作る在庫管理アプリ

3-2-1　Power Appsを開いて環境を切り替える

まずは、Power Appsを開きます。Microsoft 365のページ（https://microsoft365.com）から、「Power Apps」を検索し、クリックして開きます（**図3-3**）。

図3-3　Power Appsを開く

Power Appsを開いた直後の画面が、**図3-4**です。

第2章で説明したように、Power Platformは環境ごとに区切られています。まずは右上のドロップダウンリストから、第2章で作成した「検証環境」に切り替えます。

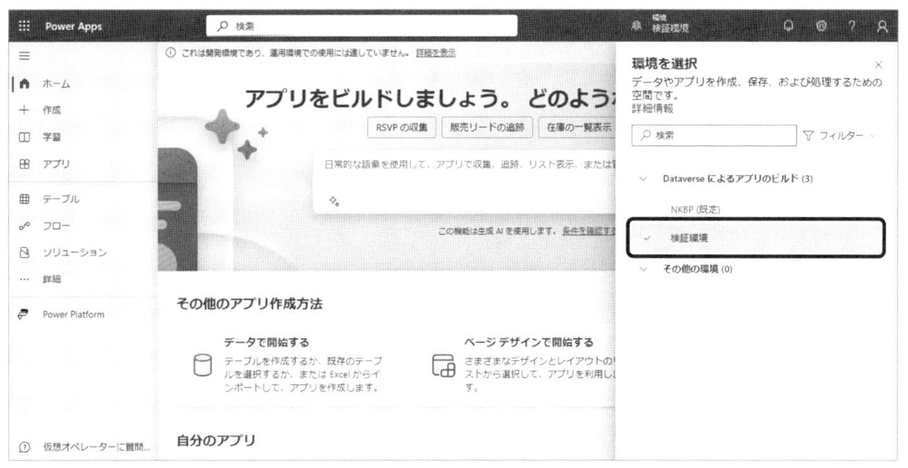

図3-4　第2章で作成した「検証環境」に切り替える

3-2-2　Copilotでアプリを作る流れ

Copilotを使ってアプリを作る流れを図3-5に示します。Copilotを使って作れるアプリは、Power Appsにおける「Dataverseをソースとするキャンバスアプリ」と呼ばれるもので、Dataverseに格納したさまざまなデータをUIで操作します。作りたいアプリを会話で指示すると、まず、そのデータ構造が提案されます。必要な列を追加する、不要な列を削除する、（テキストや数値などの）列の型を変えるなどの指示を会話で行い、データ構造を確定します。そうすると、Dataverseにテーブルが作られ、そのデータを操作するアプリが作られます。

アプリが作られたあとも、Power Apps上で会話して細かいUIを修正できますが、本書の執筆時点では、作られたあとに、会話からデータ構造を変えるような変更はできないようです（もちろん会話ではなく、手作業での変更は可能です）。

こうした一連の流れを考えると、Copilotによる支援を最大限に活用するなら、データ構造を、きちんと決めてから作り始めるのがよいと言えます。

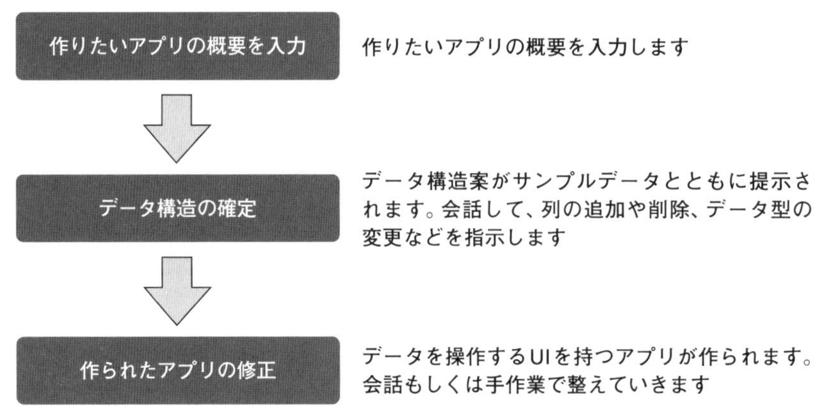

図3-5　Copilotでアプリを作る流れ

3-2-3　作りたいアプリを入力する

それでは、始めます。まずは、作りたいアプリを入力します。［ホーム］画面にCopilotの入力欄があるので、ここに作りたいアプリを入力します。細かく指示することもできますが、ここでは「在庫管理アプリを作りたい」とだけ入力しました（図3-6）。

memo　Copilotの入力欄がないときは、選択した「環境」において、Copilot機能が有効になっていない可能性があります。第2章を参考に、Copilot機能を有効にしたかどうかを確認してください。

図3-6　作りたいアプリを入力する

3-2-4　データ構造を決める

　すると、**図3-7**のようにデータ構造が提案されます。在庫管理ということから、「商品名」「価格」「在庫数」、そして「カテゴリ」と「登録日時」の入力欄ができたようです。必要に応じて、会話しながら列を修正していきます。

memo　図3-7は一例です。どのような入力欄が作られるのかは、その時々によって異なることがあります。異なる入力欄が作られたときは、会話しながら修正してください。例えば、「在庫数」の代わりに「ストック」という入力欄が作られたときは、「ストックを在庫数に変更してください」とCopilotと会話するなどです。それでもうまくいかないときは、手動で修正してください。

memo　図3-7を見るとわかるように5件のデータが作られていますが、これは実際にDataverseに保存されます。

図3-7　提案された在庫管理

商品コードの列を追加する

　まずは、「商品コード」の列を追加します。右側のCopilotに、次のように入力します。すると、商品コードの列が追加されます（**図3-8**）。

```
商品コードの列をテキスト型で追加してください
```

memo 入力として必須なのは「商品コード」のような列名ですが、このとき、「テキスト型」のように列の型も指定しておくことを推奨します。ほとんどの場合、列名からよき案配で推論されますが、この例で示した「商品コード」のような名称だと、「コード」という言葉に引きずられて、整数のデータ型で作られる可能性があります。あとから修正するのは面倒なので、列の型も合わせて指定しておくほうが、二度手間にならなくて済みます。

図3-8 商品コードの列が追加された

本当にテキスト型なのかわからないので、念のため確認しておきましょう。[商品コード] の列見出しをクリックし、[列を表示] を選択します。すると、[データの種類] が「1行テキスト」になっていることがわかります (**図3-9**)。

図3-9　列のプロパティを確認したところ

備考を追加する

同様に、備考欄を追加します。備考欄は複数行入力させたいので、「複数行で」と入力します（**図3-10**）。

```
「備考」の列を複数行入力可能なテキスト型で追加してください
```

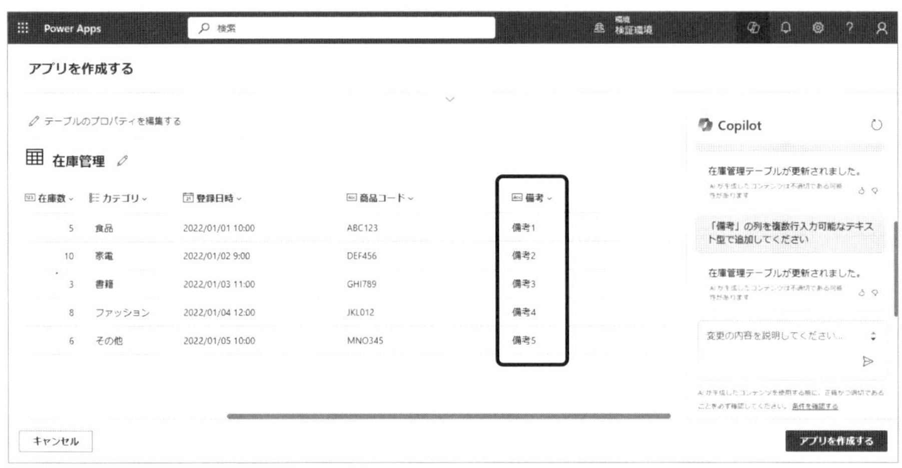

図3-10　備考列が追加された

図3-10では、それが本当に複数行入力可能かわからないので、［備考］のラベルをクリックして［列を表示］をクリックし、列のプロパティを確認します。すると［書式］が［テキスト領域］になっており、複数行入力可能なことがわかります（**図3-11**）。

> ***memo*** Dataverseでは、［書式］が「テキスト」のときは1行入力、［書式］が［テキスト領域］のときは複数行入力となります。先ほど追加した商品コードの列は［テキスト］となっており、1行入力です。図3-9と比較してみてください。

図3-11　備考列は複数行入力可能（書式がテキスト領域）になっている

商品画像を追加する

そして商品画像を入力できるようにします。まずは、次のように入力してみます。

```
商品画像の列を追加して、画像の入力ができるようにしてください
```

画像の入力欄は追加されましたが、URLが入力できるようになっただけです（**図3-12**）。そうではなく、ファイルとして入力できるようにしたいので、次のように入力して修正します。

```
商品画像の列は、URLではなく画像ファイルを格納できるように修正してください
```

すると画像ファイルを格納できるように変更されました(**図3-13**)。列のプロパティを確認すると、[データの種類]が[画像]として設定されていることがわかります(**図3-14**)。ここで示したように、Copilotは、必ずしも目的に合ったように作ってくれるとは限らないので、プロパティなどで、正しく作成されたかどうかを確認することが重要です。

図3-12　商品画像列は追加されたが、URLの入力ができるようになっただけ

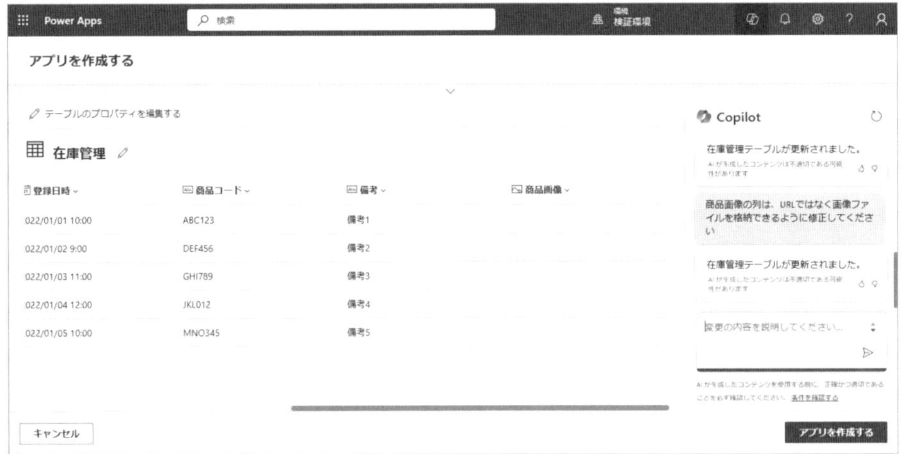

図3-13　画像ファイルを格納できるようになった

図3-14　列のプロパティを確認したところ

カテゴリを変更する

次にカテゴリの選択肢を変更してみます。現在は「食品」「家電」「書籍」「ファッション」「その他」となっています。これを「文具」「書籍」「雑貨」に変更してみます。次のように入力します。

```
カテゴリ列の選択肢を「文具」「書籍」「雑貨」に変更してください
```

すると、**図3-15**のように修正されます。列に対して設定されている選択肢の一覧は、列のプロパティから確認できます（**図3-16**）。

図3-15　カテゴリの選択肢を修正する

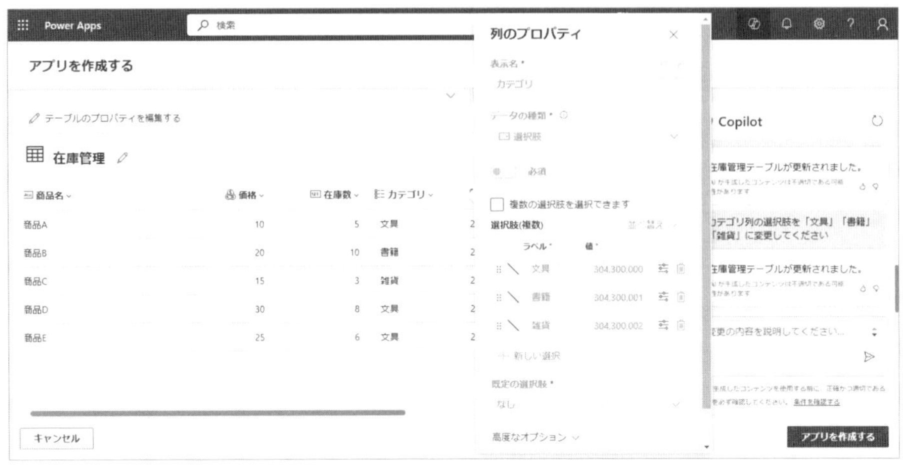

図3-16　カテゴリ列の列のプロパティを確認したところ

サンプルデータを追加する

現在、サンプルデータは5件ですが、もう少し、追加してみましょう（**図3-17**）。

```
サンプルデータを、あと20件追加してください
```

これで全部で25件のサンプルデータとなります。

図3-17　サンプルデータを追加したところ

アプリを作成する

必要があれば、会話しながらもっと調整できますが、このぐらいにしておきましょう。右下の［アプリを作成する］をクリックしてしばらくすると、**図3-18**のようにアプリが作られます。実行ボタン（［▷］ボタン）をクリックすれば、実際に実行して、在庫を登録できます（**図3-19**）。

> **memo** 作られたアプリは、ブラウザーの幅によってレイアウトが異なるレスポンシブレイアウトが採用されています。**図3-19**では2段組になっていますが、ブラウザーの幅を狭めたときは1段組で表示されます。

図3-18　アプリが作られた

図3-19　実行したところ

コラム Dataverseのテーブルを管理する

Dataverseで管理されているテーブルは、Power Appsの［テーブル］メニューで確認できます。テーブルの編集はもちろんですが、間違えてテーブルを作成したときは、この画面から削除できます（図3-20）。

図3-20 Dataverseのテーブル操作

3-2-5 作られたアプリを修正していく

それでは、このアプリを修正していきましょう。残念ながら、本書の執筆時点では、Copilotで修正できるところは限られており、ほとんどが手動での調整となりますが、それでも、いくつかの部分はCopilotで操作できます。

列の順序を変更する／削除する

まずは列の順序を変更します。Copilotで「○○を先頭に移動」などと入力して操作できればよいのですが、残念ながらできません。そこで今回は、手動で調整します。

入力フォーム全体をクリックして選択すると、［レイアウト］［データ］［フィールド］のメニューが表示されます。ここで［フィールド］をクリックすると、表示しているフィールド一覧が表示されます。各フィールドは、ドラッグ＆ドロップ操作で、順序を入れ替えられます。また［フィールドの追加］の右の［…］をクリックして表示されるメニューから、［削除］を選択すると、削除できます（**図3-21**）。

自動生成されたアプリには「価格（基本）」「cre30_column8ld」など不要な項目があるので、これらを削除します。そして、項目をドラッグ＆ドロップして順序を整えてください。このあたりは好みですが、例えば、**図3-22**のように修正します。

図3-21　列の順序を変更する／削除する

図3-22　必要ないものを削除して順序を整えたもの

テキストの書式や見栄えの変更

コンポーネントの変更はCopilotから指示を出すことで行えますが、現状では、できるものとできないものがあります。例えば、右側にカードとして表示されている部分は一体化されており、現在のところ、Copilotから指示を出して変更することはできないようです。対して左側の「レコードギャラリー」と呼ばれる部分は、Copilotから指示を出して変更できます（**図3-23**）。

こちらはCopilotからの指示で
変更しやすい
フォームとして構成されていて
Copilotからの指示での変更が難しい

図3-23　本書の執筆時点で変更可能な部分とそうでない部分

書式の変更

Copilotから変更可能なコントロールの中には、クリックするとCopilotのメニューが表示され（**図3-24**）、そこからクリックすることで、会話で書式を変更できるものがあります。書式の変更では、例をいくつか入力すると、その例に従うように設定すべき書式を提案してくれます（**図3-25**）。これが役に立つのは、金額などを「￥」のマーク付きやカンマ区切りなどで表示したい場合です。例えば、「10」という例に対して、「￥10」という結果を入力すると、書式として「"￥" & Text(ThisItem.価格, "0", "ja")」と入力すればよいということをサジェストしてくれます。

図3-24　Copilotメニュー

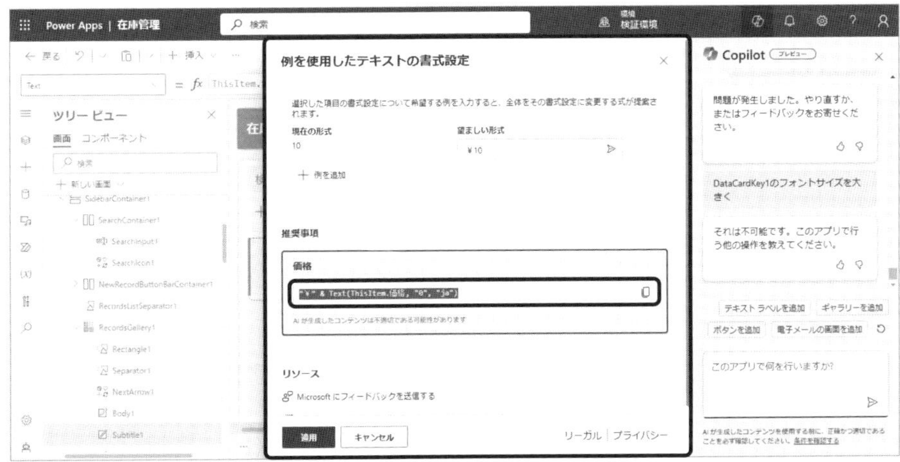

図3-25　書式の変更

プロパティの変更

フォントサイズや色など、各種プロパティは、Copilotから会話することで変更できます。その場合は、会話中でコントロール名を明示します。コントロール名は、クリックして選択したときに、画面下のステータスバーで確認できます。

ステータスバー以外に、左メニューから［ツールバー］を表示してツールバーウィンドウで確認することもできます。例えば、**図3-26**のように「Title1のフォントサイズを大きく」とすると、そのフォントサイズが大きくなります。**図3-26**の結果にもありますが、Copilotが何か変更を加えたときは、［元に戻す］のリンクで、その変更を戻すこともできます。

図3-26　フォントサイズを大きくしたところ

コラム　Copilotコントロールでデータ操作する

本書の執筆時点では英語版でしか利用できませんが、Power Appsにおいて、データに対する問い合わせを出せる「Copilot」というコントロールが提供されています。環境が米国、かつ、利用しているブラウザーの言語で「English」を選択すると、左メニューで［+］（挿入）を選択したときに追加可能なコンポーネントに「Copilot」という項目が現れます（**図3-27**）。これを画面に貼って、Dataverse（もしくはSharePointサイト）と接続すると、接続先のデータを会話で操作できるようになります。例えば、この章で作った在庫管理のテーブルに接続して、「在庫が30個以下の商品の一覧を教えて」などと指示すれば、その回答が戻ってきます（**図3-28**）。

こうした「会話でデータ操作できる機能」は、AI時代のアプリ開発の大きな転機になる可能性があります。

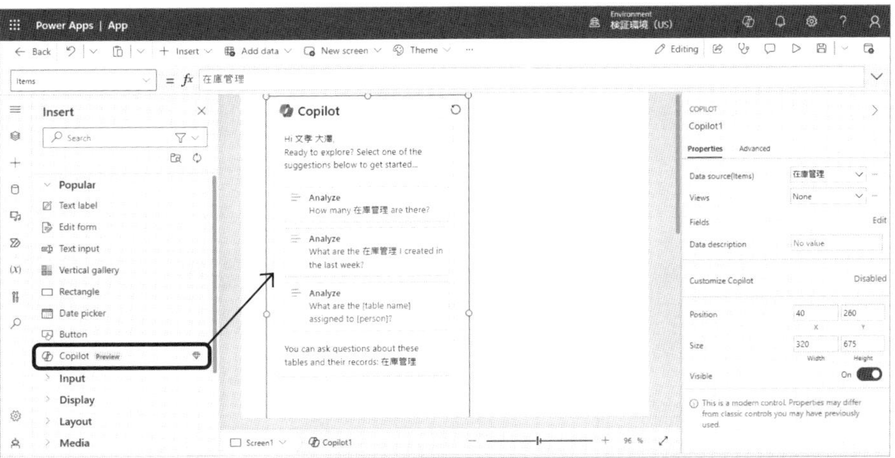

図3-27　Copilotコントロール

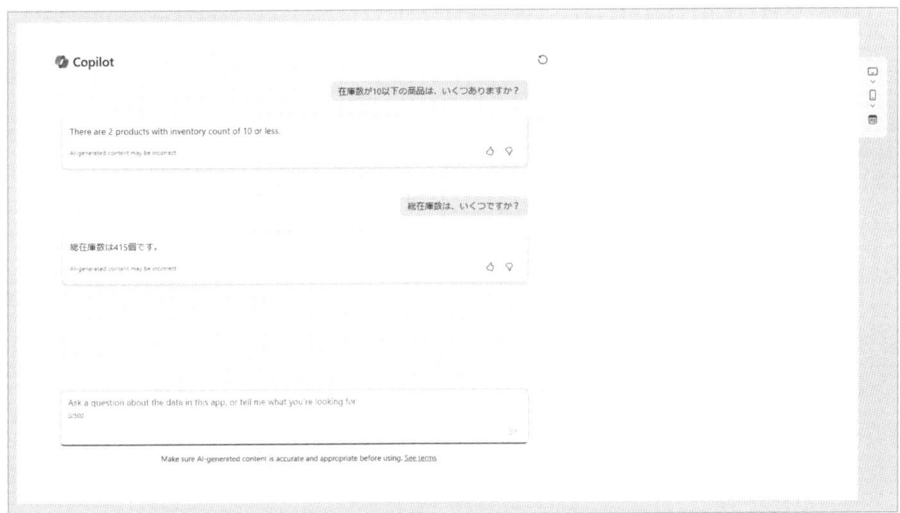

図3-28　Copilotコントロールでデータを問い合わせている様子

3-3 データに対するフローを作る

さて、いまはPower Appsを使ってUIを作成しましたが、Power Automateを使ったフローも、Copilotで開発できます。

ここでは、「在庫数が10以下に更新されたときに、管理者にメールを送信する」というフローを作ってみましょう。

3-3-1 Power Automateを開いて環境を切り替える

まずは、フローを作るため、Power Automateを開きます。Microsoft 365のページ（https://microsoft365.com）から、「Power Automate」を検索し、クリックして開きます（**図3-29**）。開いたら、右上のドロップダウンリストから、第2章で作成した「検証環境」に切り替えます（**図3-30**）。

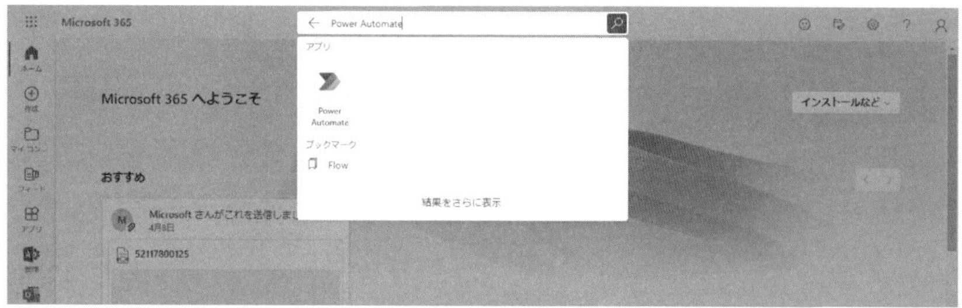

図3-29　Power Automateを開く

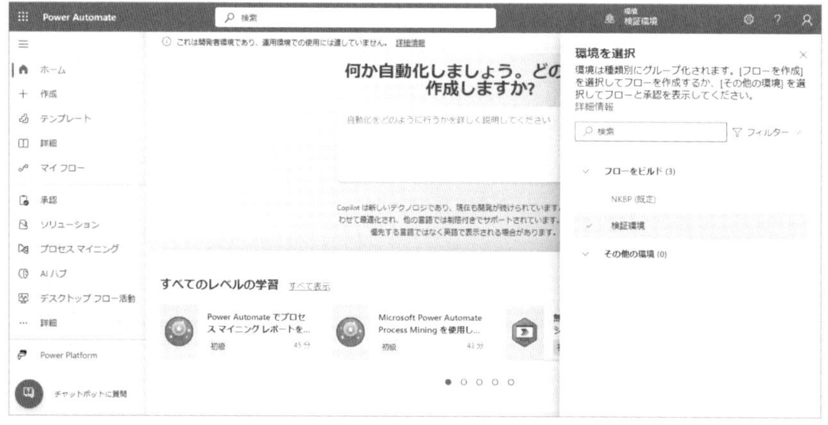

図3-30　第2章で作成した「検証環境」に切り替える

3-3-2 Copilotを使ってフローを作る流れ

Power AutomateでCopilotを使ってフローを作る流れは、**図3-31**の通りです。Power Appsの場合と違って、作成前の調整項目は多くありません。

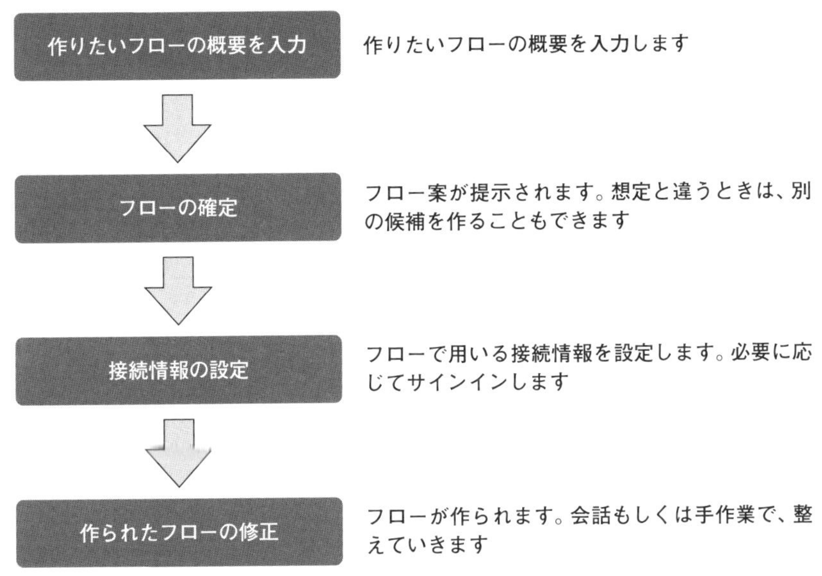
作りたいフローの概要を入力
作りたいフローの概要を入力します
フローの確定
フロー案が提示されます。想定と違うときは、別の候補を作ることもできます
接続情報の設定
フローで用いる接続情報を設定します。必要に応じてサインインします
作られたフローの修正
フローが作られます。会話もしくは手作業で、整えていきます

図3-31　Copilotを使ってフローを作る流れ

3-3-3 作りたいフローを入力する

それではフローを作っていきます。Power Appsと同様に、［ホーム］画面にCopilotの入力欄があるので、ここに作りたいフローを入力します（**図3-32**）。

ここでは、次のように入力します。

```
Dataverseの在庫管理において、在庫数が10個を下回ったときに、管理者にメールを送信するフローを作る
```

memo Copilotの入力欄がないときは、選択した「環境」において、Copilot機能が有効になっていない可能性があります。第2章を参考に、Copilot機能を有効にしたかどうかを確認してください。

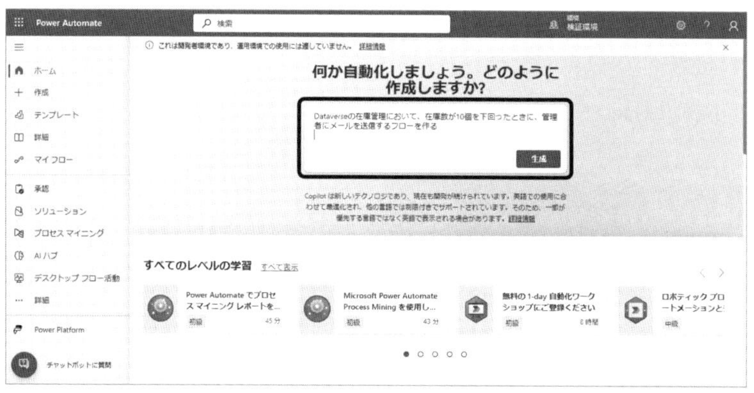

図3-32　フローを作る

すると、フローが提案されます（**図3-33**）。今回の提案は、ざっと見たところ、新しいレコードが追加、変更、削除されたときに、何か処理してメールを送信するというようなフローであり、問題なさそうなので、［次へ］をクリックします。

> **memo**　もし想定するのと異なるフローであった場合は、［これではありません］をクリックすることで、別の提案に切り替えられます。

> **memo**　Copilotの出力は、いつも同じとは限りません。本書に掲載以外のフローが提案されることもあります。また同じフローが提案されても、細部の設定が異なることもあります。以下の解説では、その点を考慮に入れて、読み進めてください。

図3-33　提案されたフロー

フローの作成に伴い、接続情報などを設定します。**図3-34**では、すでに接続設定が完了した状態ですが、DataverseやOutlookにまだ接続していない（認証情報を入力していない）ときは、この画面で、接続するように促されます。設定したら、［フローを作成］をクリックします（認証情報が未設定のまま、フローを作成することはできません）。

図3-34　接続情報の設定

3-3-4　フローを修正する

以上で、フローが作られます。作られたフローは、**図3-35**に示すように、「正しくないパラメーター」と表示されている部分があるので、これを直します。

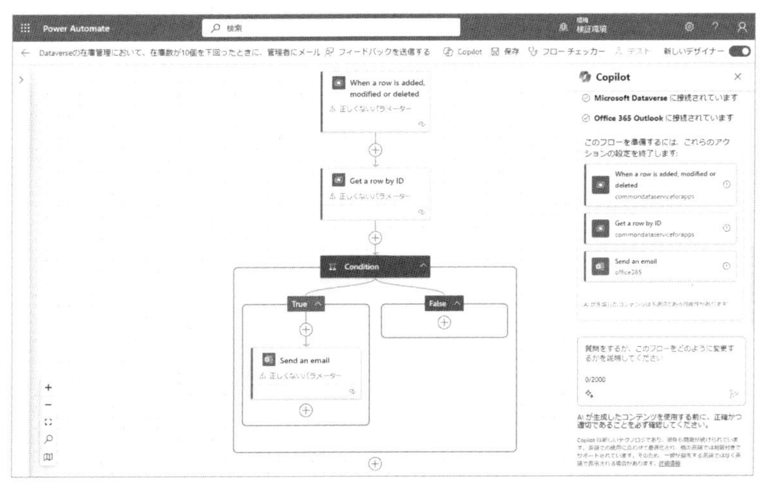

図3-35　「正しくないパラメーター」と表示されている箇所がある

トリガーを修正する

まずは、先頭の「When a row is added, modified or deleted」と表示されているブロックから修正します。詳しくは第4章で説明しますが、Power Automateにおいてフローが動き出す「きっかけ」となる事象のことを「トリガー」と言います。このブロックをクリックすると、テーブル名が設定されておらず、これがエラーの原因であることがわかります。

ドロップダウンリストで、「在庫管理」テーブルを選択します。すると、「正しくないパラメーター」のエラーが消えます（**図3-36**）。

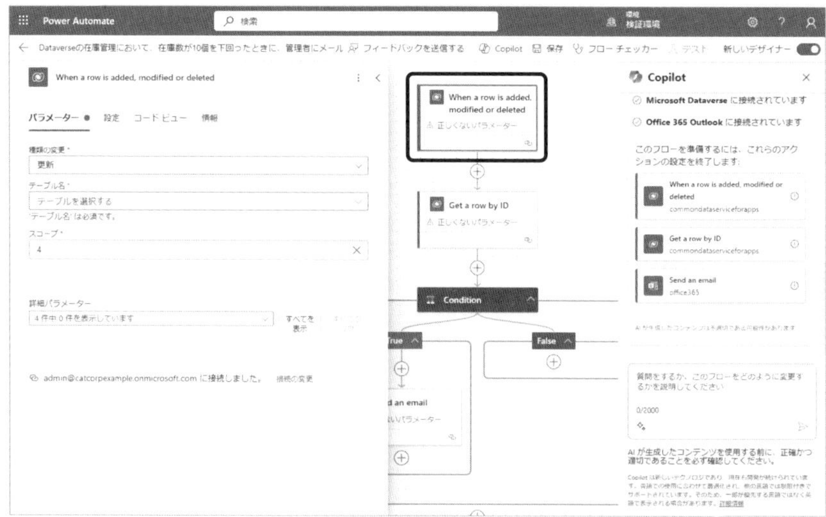

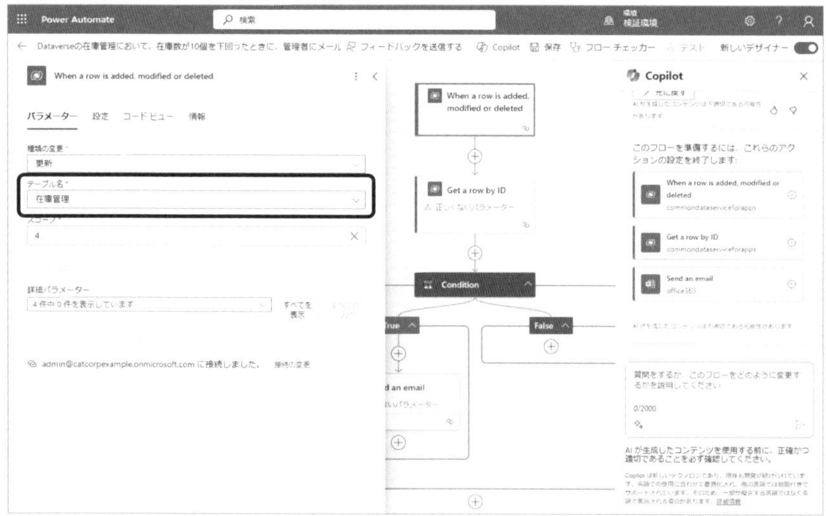

図3-36　対象テーブルを修正する

Get a row by IDのパラメーターを設定

続いて、Get a row by IDのパラメーターを設定します。クリックすると、設定がいろいろと抜けていることがわかります（図3-37）。

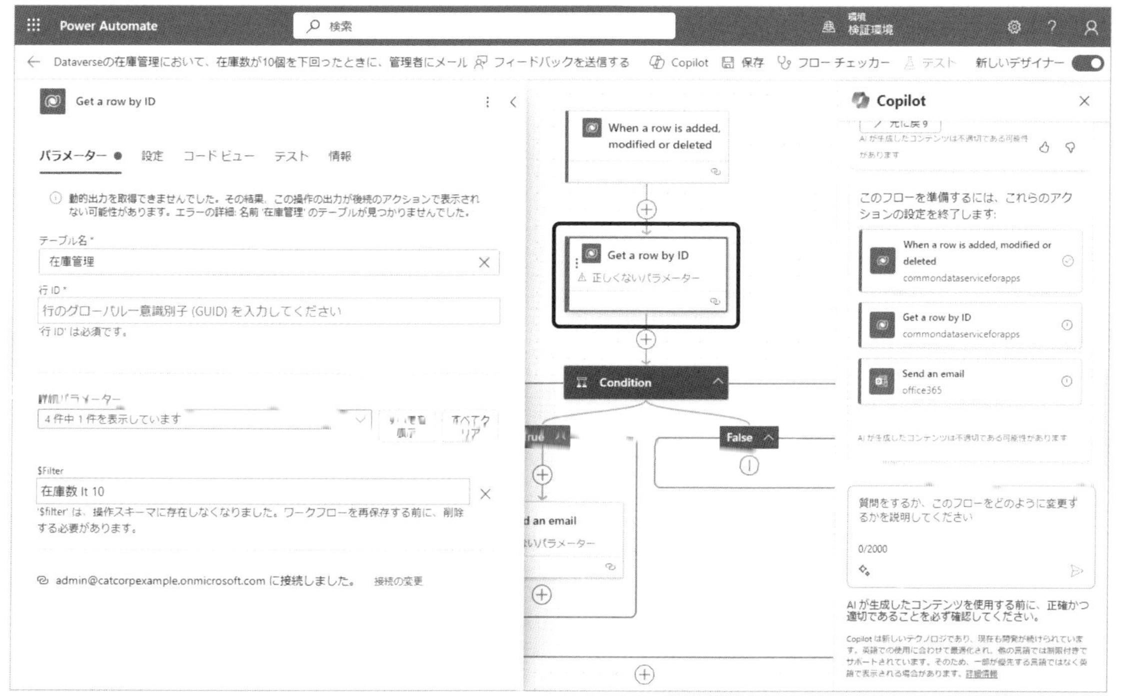

図3-37　Get a row by IDのエラー

「Get a row by ID」は、指定したIDから行（レコード）を取得するためのアクションです。ここでは、次の設定が必要です。

・行ID

行を特定するIDです。特定する行は、「When a row is added, modified or deleted」のアクションの実行に伴って出力されるので、その値を参照します。行IDの列をクリックすると、稲妻のマークが表示されるので、それをクリックします。すると、他のトリガーやアクションが出力する値（Power Automateでは、これを動的コンテンツと言います）を参照できるので、［在庫管理（エンティティのインスタンスを表す一意識別子）］を選択します（図3-38）。

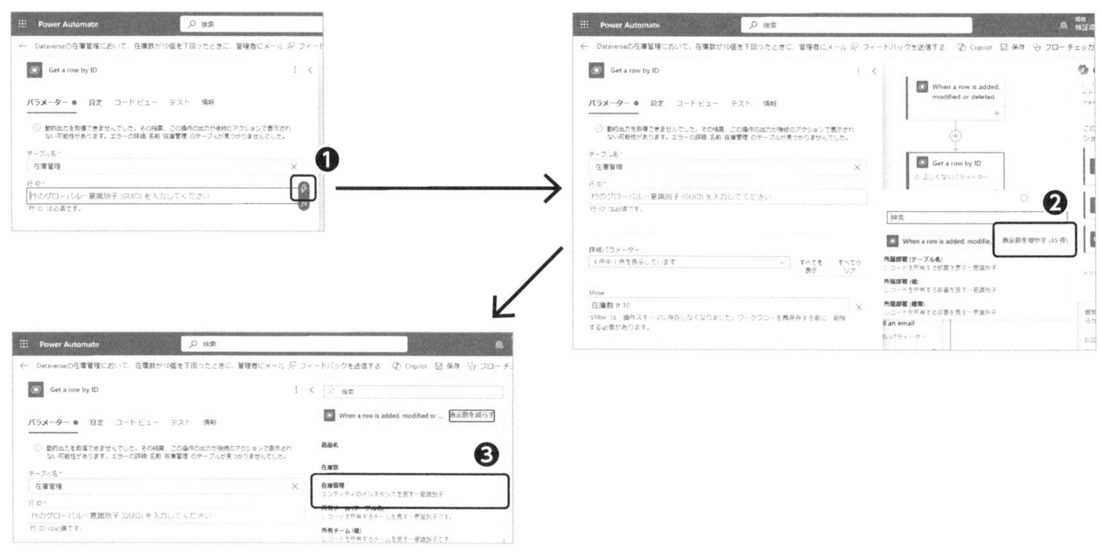

図3-38　行IDの指定

・$filter

おそらくCopilotの解釈違いによって生成されたものと思われます。「在庫数が10以下のとき」という指示で作られたと思われるフィルタの式が設定されていますが、生成された一連のフローでは、在庫数と思われる条件分岐は、後続の条件分岐のアクション（Condition）で判定しており、ここでフィルタする必要はありません。[×] をクリックして削除してください（**図3-39**）。

図3-39　$filterを削除する

Send an email

Send an emailを設定します。パラメーターを確認すると、宛先や件名、本文が設定されていないようです（**図3-40**）。

図3-40　宛先や件名、本文が設定されていない

手作業でこうした設定をしていくこともできますが、これらはCopilotを使ってまとめて設定するとカンタンです。次のように入力します。

```
宛先をfoo@example.co.jp。件名は「在庫が10を下回りました」、本文は「これはお知らせメールです。在庫が10を下回りました」とする
```

すると、**図3-41**のように、宛先や件名、本文が設定されます。

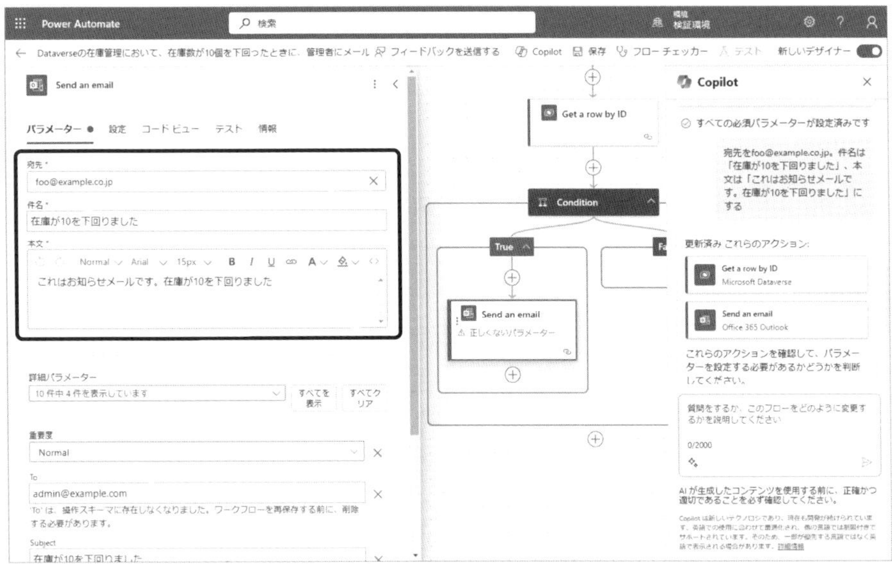

図3-41　Copilotで指示した通りに設定された

コラム　生成AIならではの文章生成

本文中では、「本文は「これはお知らせメールです。在庫が10を下回りました」とする」と明示的に指示していますが、本文を指定せずに、宛先と件名だけ指定しても、本文が自動で、よき案配で設定されます。また、「本文をわかりやすく書き換えてください」などのように、生成AIならではの文章生成・要約的な使い方をして、書き換えさせることもできます。

条件の指定

フローでは「Condition」の部分で、在庫が10以下かどうかを判定しているのですが、クリックしてパラメーターを確認すると、条件が間違っています（**図3-42**）。

条件式の「is greater than 0」は「0より大きい」を示す式なので、これが違うのは明らかですが、比較対象の在庫数として参照されている式「outputs('Get_a_row_by_ID)?[body/value/length]」も、在庫数ではなくレコード数を指しており、こちらも正しくありません。

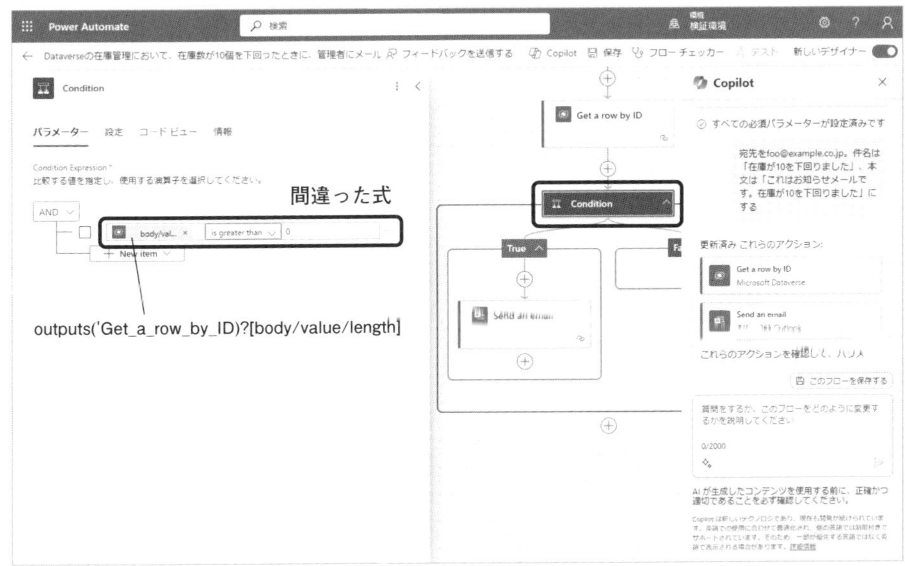

図3-42　条件が間違っている

そこで条件を変更するため、次のように入力します。

```
Conditionの条件式を、在庫数が10より小さいときに変更してください
```

そうすると、条件式は「is less than 10」のように正しく変更されるのですが、その比較の対象、すなわち「在庫数」を示す部分は、「outputs('Get_a_row_by_ID)?[body/value/length]」のまま変わりません。筆者はこのあと、いくつかCopilotに対して命令して変更できるか試したのですが、うまくいかなかったので、ここは手作業で直すことにします。稲妻マークをクリックし、［在庫数］に変更します（**図3-43**）。

「10より小さい」の条件になったが、
対象の「body/value…」が正しくない
在庫数を対象にするようになった

図3-43 手作業で変更する

3-3-5 動作を確認する

以上で完成です。[保存] をクリックしてフローを保存します。

Power Appsで（もしくはDataverseの編集画面から直接）、在庫管理テーブルを編集して、在庫数を10より小さく設定して保存します。すると、指定したユーザーにメールが送信されるのがわかります。

コラム テスト機能で動作を確認する

動作を確認するには、[テスト] メニューから実行する方法もあります。

[テスト] をクリックし、[手動] を選択して手動テストを始めます（図3-44）。画面を開きっぱなしのまま、別のタブ（もしくはウィンドウ）でPower Appsなどで在庫管理テーブルを編集すると、画面が更新されて、このフローが動くことが確認できます（図3-45）。

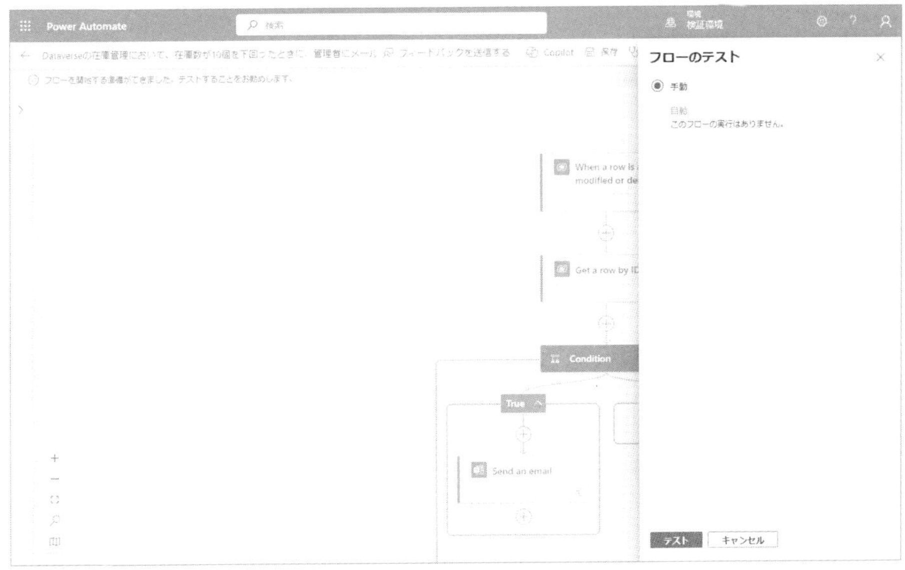

図3-44　手動テストを始める

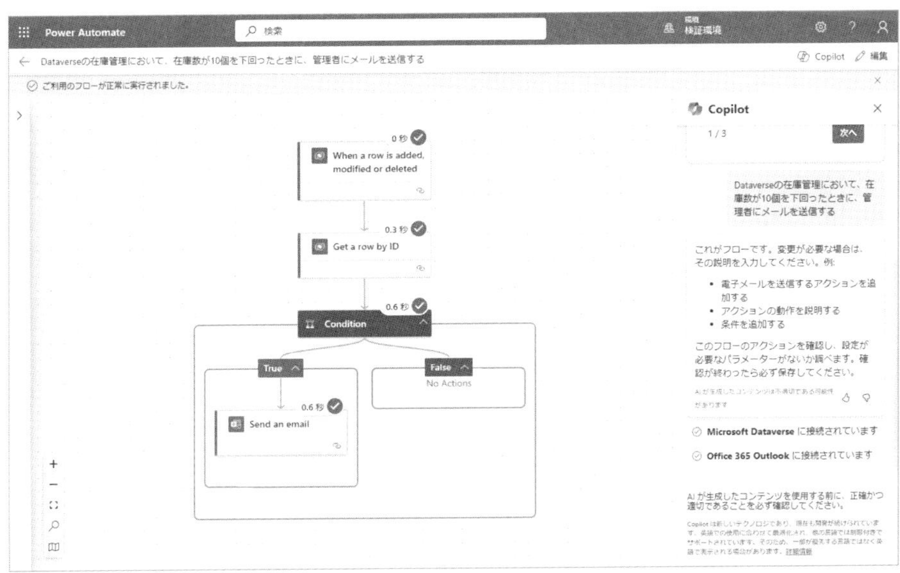

図3-45　在庫管理テーブルを編集すると画面が更新されフローが実行される様子がわかる

3-4 まとめ

この章では、Power AppsとPower Automateにおいて、Copilotを使って会話でアプリケーションを作る方法を説明しました。

これまでの説明からわかるように、本書の執筆時点では、会話しながらの開発は、まだまだいまいちな感じもあります。しかし最後のPower Automateのメールアドレスや件名、本文をまとめて会話で設定した例のように、うまくいくものもあります。この例のように、まとめて設定できるとか、曖昧な言葉で指示してもよき案配でやってくれたりするようになると、アプリ開発の効率が圧倒的に上がる予感がします。

現時点では、できるのかできないのかも含めて不明点が多いため、うまくいく言葉を探すという、言葉探し感があるのは否めません。しかしこうした問題は、近い将来、きっと、解決されていくと思います。

すでに見てきたように、Copilotの支援機能は、間違っても元に戻せます。失敗しても恐れるようなことはないので、「ひとまずCopilotでできるかどうか、確かめてみる」というのは、方法として悪くないでしょう。

04

第4章
AIを使った要約システム

4-1 この章で作るAIアプリ

この章から、アプリにAI機能を組み込む方法を説明していきます。

本章では、テキストを要約するAIアプリを作ります。SharePointサイトのドキュメントライブラリにテキストファイルをアップロードすると、生成AIでそれを要約し、アップロードされた旨の通知として、Teamsのチャネルに投稿する仕組みです（図4-1）。

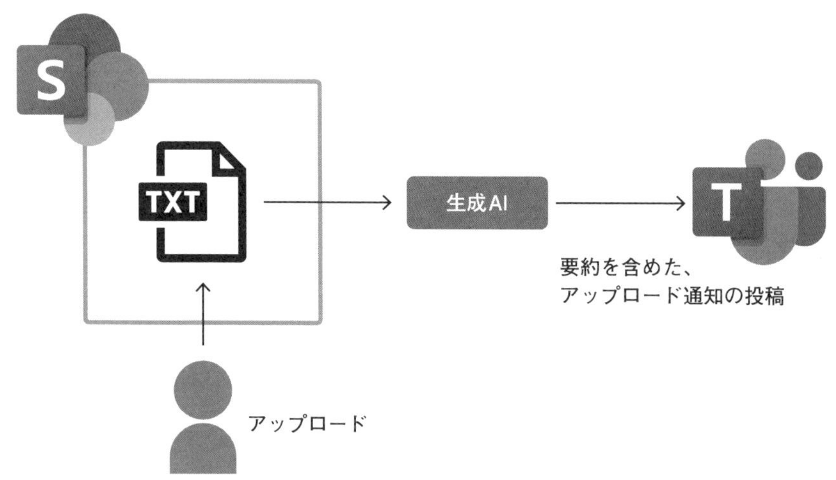

図4-1　この章で作るAIアプリ

この仕組みの中心になるのは、Power Automateです。Power Automateは、フローの実行を実現するサービスです。手動で実行することもできますが、他のサービスと連携し、「何かが変化したとき」などをきっかけに、フローを実行できます。

フローを呼び出すきっかけとなる事象が「トリガー」です。こうしたトリガーの一つに、SharePointトリガーがあります。SharePointサイトのドキュメントライブラリなどにファイルがアップロードされたときに、それを起点として、Power Platformのフローを呼び出せます。

このフローの中で、アップロードされたファイルを読み込み、AI Builderの「GPTでプロンプトを使用してテキストを作成する」という機能を使って要約します。そして、それをTeamsのチャネルに投稿します（図4-2）。

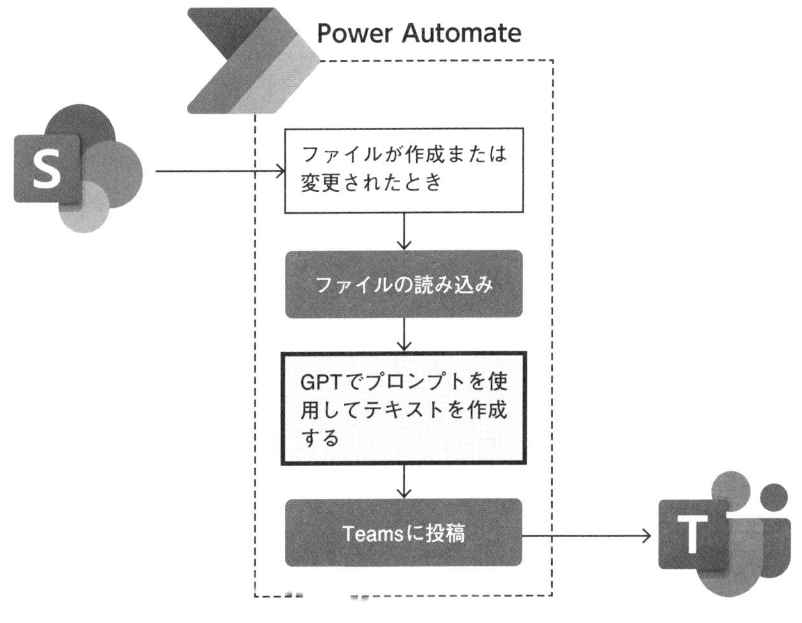

図4-2　この章のAIアプリの仕組み

この章では、初めての人を対象に、Power Automateだけではなく、作成するフローと関連するSharePointとTeamsの基本的な使い方も含めて説明します。

そこでまずは、AI機能を使わず、Teamsに投稿する機能だけを作ります。そのあと、AIの要約機能を組み込むというように、分けて作っていきます（図4-3）。

memo　分けて作るのは必須ではありません。慣れた人なら、AI機能を含むものを、最初から作ってもかまいません。

memo　前章で説明したCopilotの支援機能を使って、会話しながらフローを作ることもできます。しかし会話しながらのフロー作りは、試行錯誤が必要だったり、昨日はうまくいったことが、今日はうまくいかないなど不確実な要素も多いため、この章では、Copilotの支援機能を使わずに進めます。改めて言うまでもありませんが、Copilotの支援機能が使える場面では、使ったほうが便利なので、手作業との併用も検討するとよいでしょう。

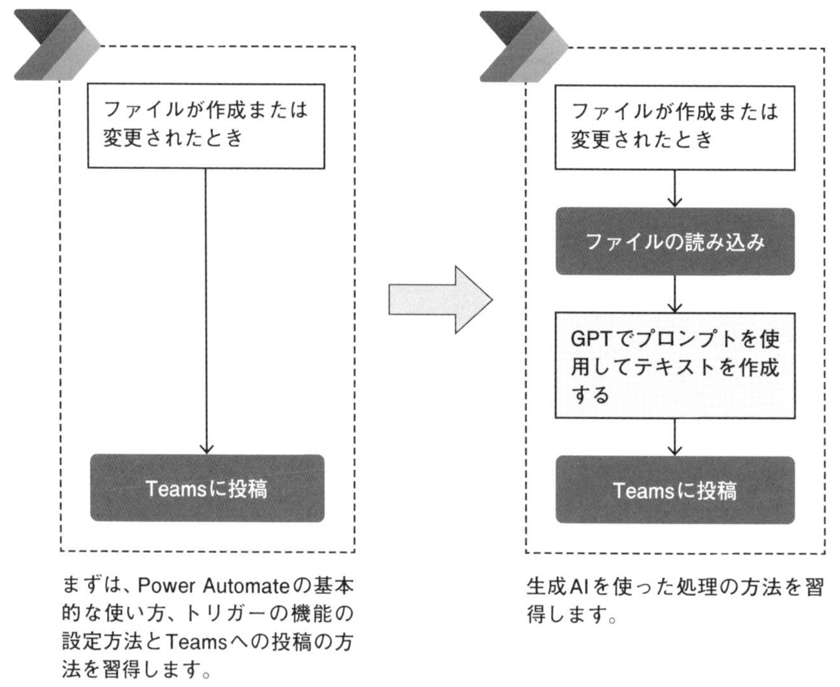

図4-3　この章のAIアプリ作りの流れ

4-2 SharePointサイトとTeamsチャネルを作る

AIアプリを作る前に、ファイルのアップロード先となるSharePointサイト、そして、その通知を投稿するTeamsチャネルを作成します。

第2章で説明したように、Power Platformは、いずれかの環境にひも付きます。その環境を超えるデータには、アクセスできません。SharePointサイトやTeamsチャネルは、これから作っていくAIアプリを置く予定の環境（本書では「検証環境」という名前の環境）に作る必要があります。

4-2-1 SharePointサイトを作る

まずは、SharePointサイトを作ります。

04

SharePointサイトの作成

次の手順で、SharePointサイトを作成します。

手順 SharePointサイトを作る

[1] SharePointを開く

Microsoft 365のページ（https://microsoft365.com/）から、「SharePoint」を検索し、クリックして開きます（図4-4）。

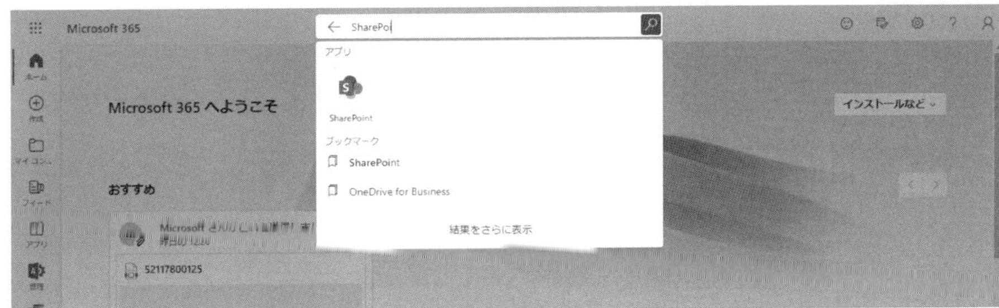

図4-4　SharePointを開く

[2] サイトを作成する

［＋サイトの作成］をクリックして、サイトを作成します（図4-5）。

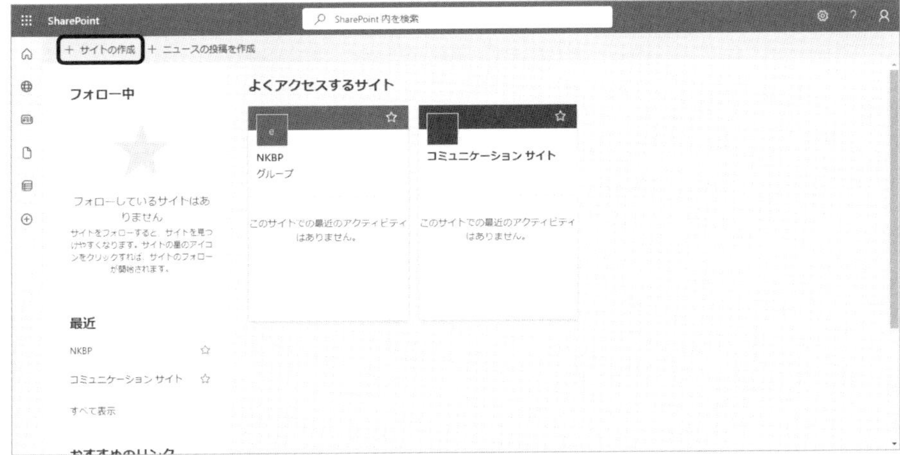

図4-5　サイトを作成する

[3] チームサイトを作る

サイトの種類を選択します。ここでは、［チームサイト］を作ります（図4-6）。

> ***memo*** チームサイトは、チームのメンバーがコラボレートするための場所です。メンバーの全員がコンテンツの作成者です。対してコミュニケーションサイトは、一部のメンバーのみがコンテンツを作成して大多数のメンバーがそれを参照するような、作成したコンテンツを共有する場所です。

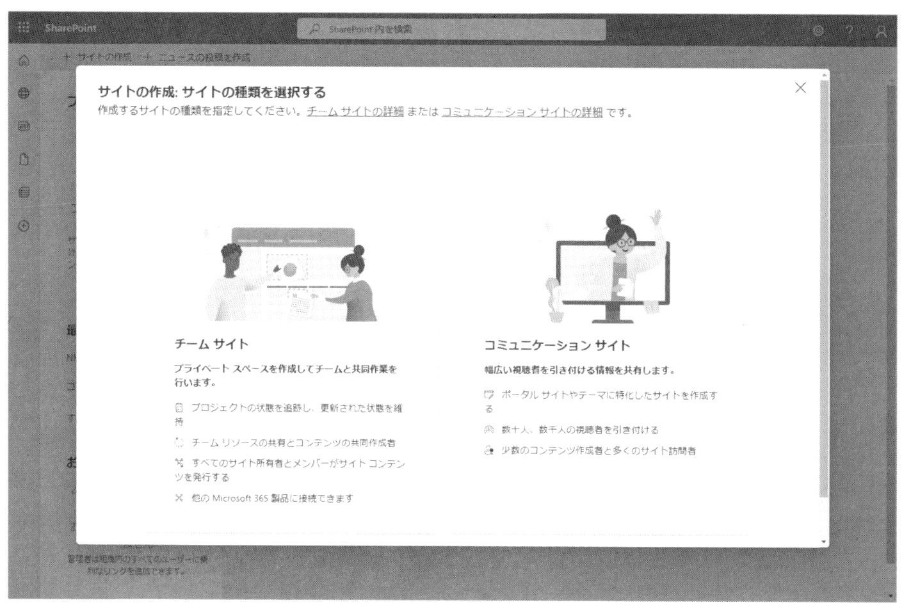

図4-6　チームサイトを作成する

[4] テンプレートを選択する

テンプレートを選択します。本書では、ドキュメントの置き場としてしか使わないので、どれを選んでもよいのですが、ここでは［標準チーム］をクリックします（図4-7）。

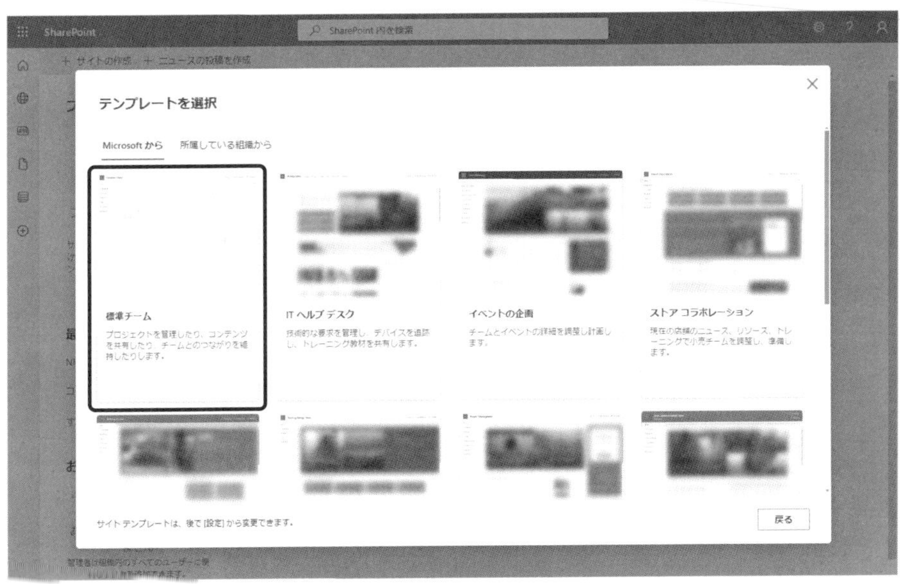

図4-7 ［標準チーム］を選ぶ

[5] テンプレートを使って作成する

テンプレートの詳細が表示されます。［テンプレートを使用］をクリックします（図4-8）。

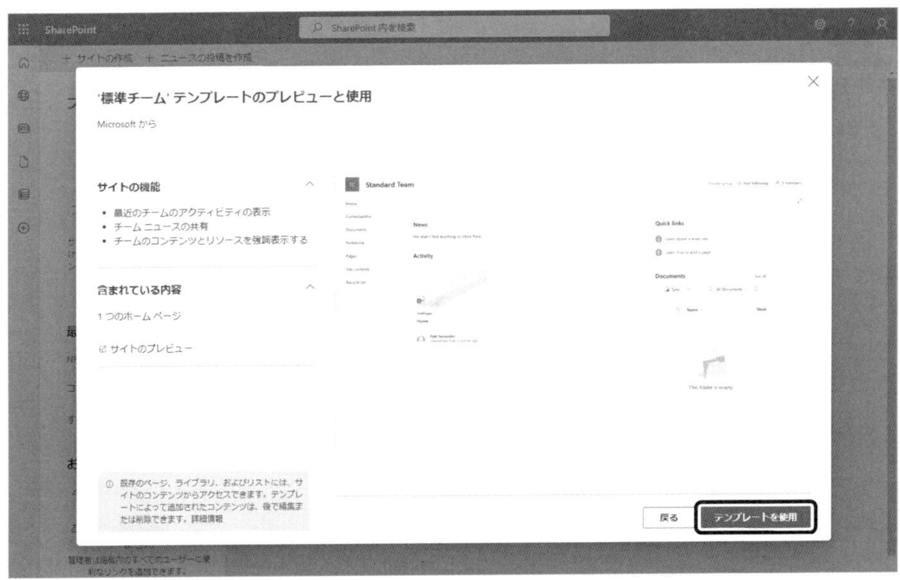

図4-8 ［テンプレートを使用］をクリックする

[6] サイト名を設定する

サイトの名前を設定します。ここでは、「検証用サイト」としておきます。

サイトには、グループのメールアドレスを設定する必要があるため、何かしら、適当なメールアドレス（「@」以降は含まない）を指定し（ここでは「example」としました）、［次へ］をクリックします（**図4-9**）。

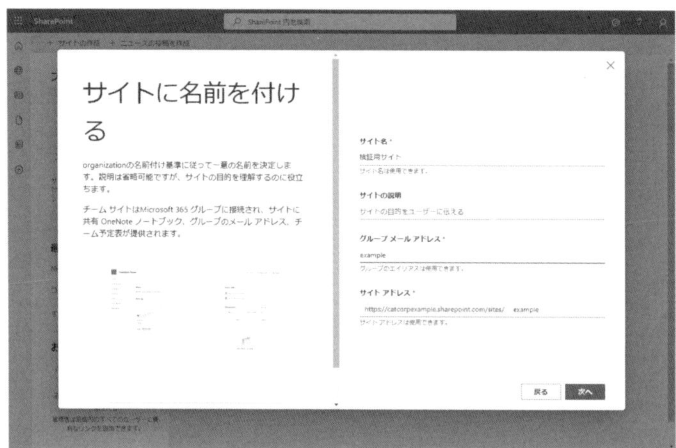

図4-9　サイト名を設定する

[7] プライバシーと言語の設定

プライバシーや言語の設定をします。デフォルトのまま、［サイトの作成］をクリックします。これで、SharePointサイトが作られます（**図4-10**）。

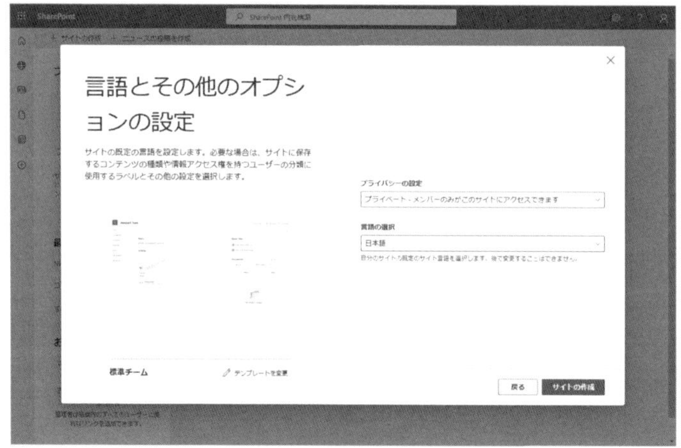

図4-10　プライバシーと言語の設定

[8] メンバーの設定

必要に応じて、メンバーを追加できますが、ここでは、そのまま［完了］をクリックします（**図4-11**）。

memo メンバーとして構成しないと、SharePointサイトを作成操作したユーザー以外は、ファイルの読み書きができません。必要に応じて、設定してください。

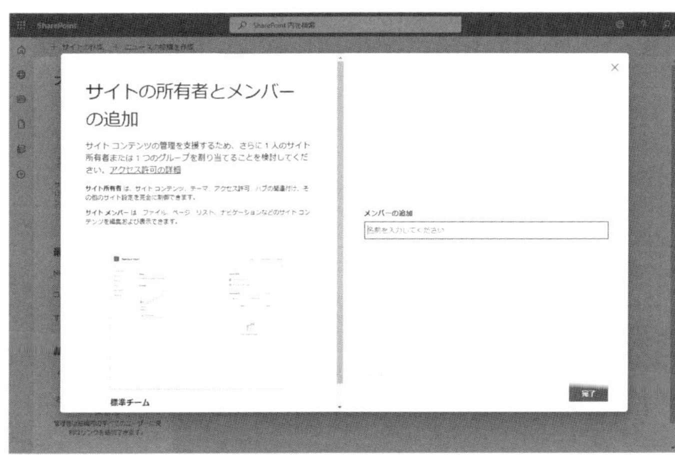

図4-11　メンバーの追加

SharePointサイトの確認とファイルのアップロード

SharePointサイトを作成すると、**図4-12**の画面になります。

図4-12　SharePointサイトの画面

左の［ドキュメント］をクリックすると、ドキュメントライブラリが表示され、ここにファイルをドラッグ＆ドロップ操作（もしくは［アップロード］のボタンをクリック）で、アップロードできます（**図4-13**）。

以降、このドキュメントライブラリにファイルをアップロードしたとき、その通知が、Teamsのチャネルに投稿されるような仕組みを作ります。

図4-13　ドキュメントライブラリ

4-2-2 Teamsチームを作る

続いて、通知を投稿するTeamsチームを作ります。

チームの作成

次の手順で、Teamsチームを作成します。

手順 Teamsチームを作る

[1] Teamsを開く

Microsoft 365のページ（https://microsoft365.com/）から、「Teams」を検索し、クリックして開きます（**図4-14**）。

図4-14　Teamsを開く

[2] チームを新規作成する

Teamsの左メニューから［チーム］をクリックします。

［チームに参加］の右の［+］をクリック（もしくはチームがまだ一つも作られていないときは、画面中央の［新しいチームを作成］）をクリックして、チームを新規作成します（**図4-15**）。

図4-15　チームを新規作成する

[3] テンプレートを選択する

テンプレートを選択します。本書では基本的な機能しか使わないので、［最初から］をクリックします（**図4-16**）。

図4-16　テンプレートを選択する

[4] チーム名を付ける

チーム名を付けます。ここでは、「新着ドキュメント」とします。

[作成] をクリックすると、チームが作られます (図4-17)。

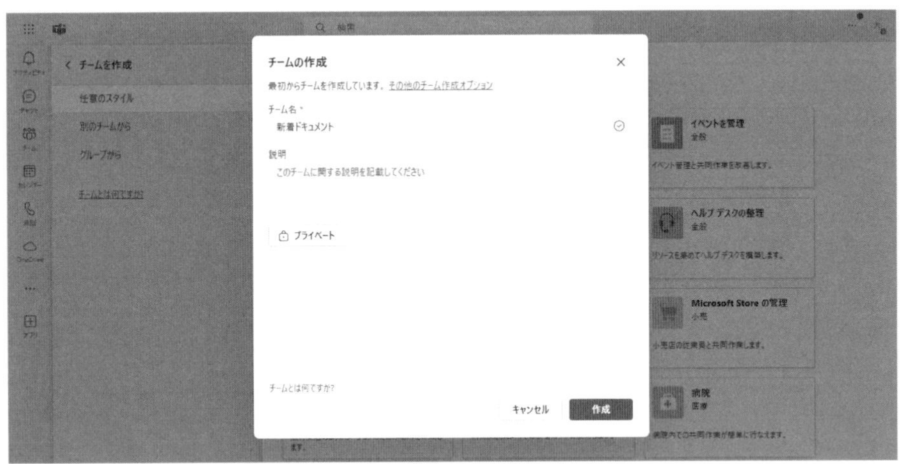

図4-17　チーム名を付ける

[5] メンバーの設定

必要に応じてメンバーを追加できますが、ここでは、そのまま [スキップ] をクリックします (図4-18)。

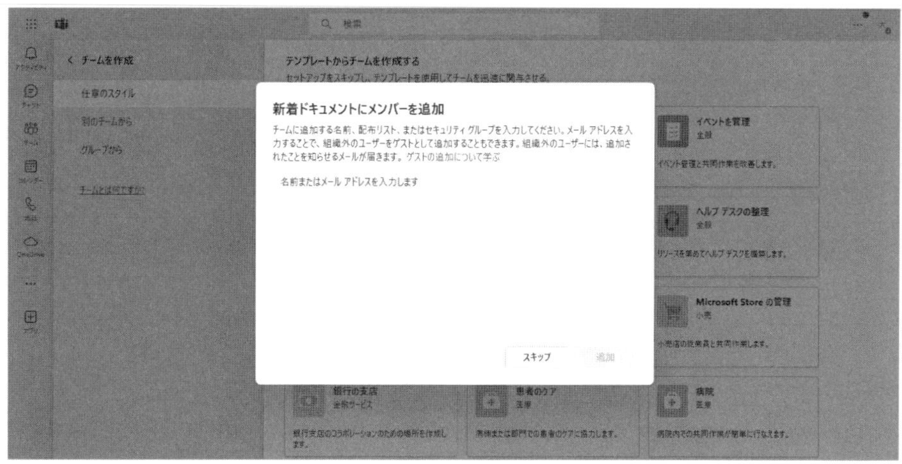

図4-18 メンバーの設定（ここではスキップ）

チームの確認

チームを作成すると、**図4-19**の画面になります。

先ほど作成したSharePointサイトのドキュメントライブラリにファイルがアップロードされたら、その通知と要約を、このチームに投稿するようなフローを作っていきます。

この画面は、Teams（https://teams.microsoft.com/）を開き、左メニューの［チーム］をクリックすると、いつでも開けます。

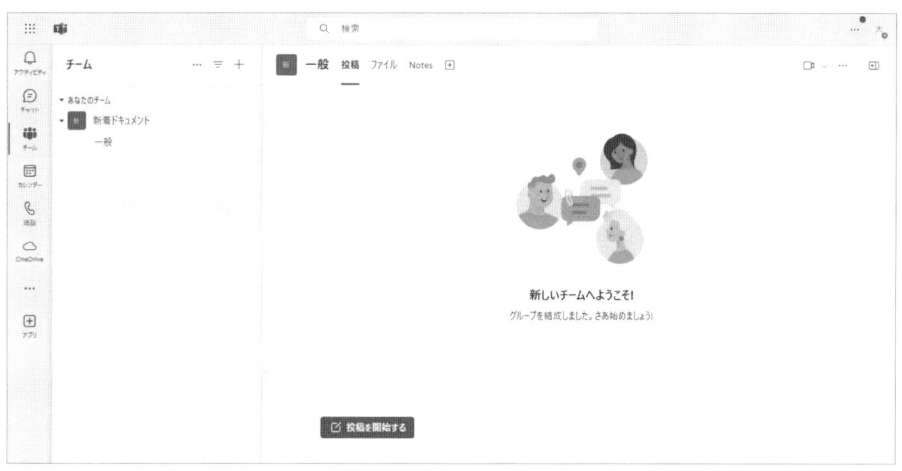

図4-19　チームの確認

4-3 ファイルをアップロードしたらTeamsに通知する仕組みを作る

準備ができたところで、Power Automateを使って、フローを作っていきます。

AI機能の話はいったん置いておき、「SharePointサイトのドキュメントライブラリにファイルがアップロードされたら、その通知をTeamsに投稿する」ところまでを作ります。

4-3-1 Power Platformを開いて環境を切り替える

まず、Power Automateを開きます。Microsoft 365のページ（https://microsoft365.com/）から、「Power Automate」を検索し、クリックして開きます（**図4-20**）。

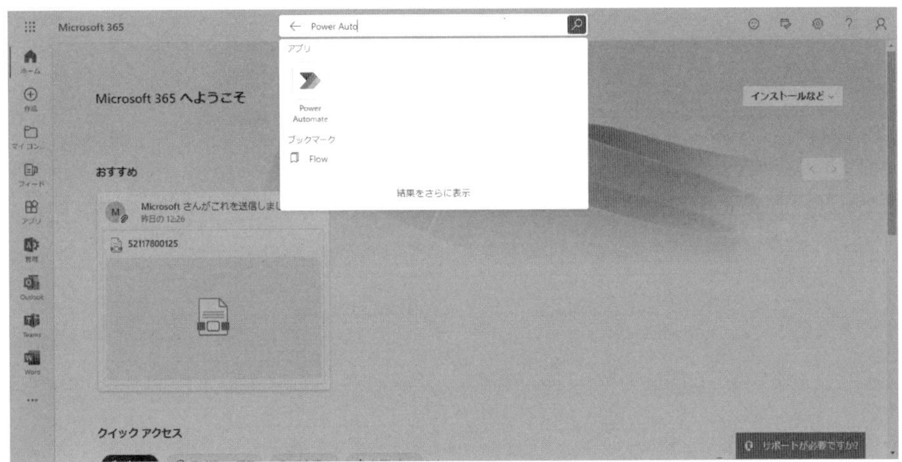

図4-20　Power Automateを開く

Power Automateを開いた直後の画面が、**図4-21**です。第2章で説明したように、Power Automateは、環境ごとに区切られています。右上のドロップダウンリストで切り替えられるので、第2章で作成した「検証環境」に切り替えておきます。

図4-21　環境を切り替える

4-3-2　新しいフローを作る

それでは、作業を開始していきます。まずは、新しいフローを作ります。

ここでは、SharePointサイトの「ドキュメントライブラリにファイルが配置されたとき」に起動する、新しいフローを作ります。

手順　新しいフローを作る

[1] 新しいフローを作成する

左メニューから、[＋作成] をクリックします（図4-22）。

memo　図4-22の「何か自動化しましょう。どのように作成しますか？」の部分に、「SharePointにファイルがアップロードされたとき、Teamsにメッセージを送るフローを作る」などと入力すれば、Copilotによる開発支援機能が動き、一連のフローをまとめて作ることもできます。しかし、いつもうまくいくとは限らないので、本章では、手作業で一つずつフローを作成していきます。

図4-22 ［＋作成］をクリックする

[2] フローの種類を選ぶ

フローの種類を選びます。ここでは「SharePointのドキュメントライブラリのファイルがアップロードされたとき」という事象（イベント）を起点としたフローを作りたいので、［自動化したクラウドフロー］をクリックします（図4-23）。

図4-23 ［自動化したクラウドフロー］を選択する

[3] フロー名とトリガーを選択する

フロー名とトリガーを設定します。下記のように設定し、[作成] をクリックします（図4-24）。

memo [スキップ] をクリックして、あとから設定することもできます。

・フロー名

任意のフロー名です。ここでは、「アップロード通知フロー」という名前にします。

・トリガー

このフローが実行されるきっかけとなる事象を指定します。SharePointのドキュメントライブラリにファイルが作られたときに実行したいので、[ファイルが作成または変更されたとき（プロパティのみ）(SharePoint)] を選択します。たくさんの選択肢がありますが、「ファイルが作成または変更」と入力すると絞り込めます。

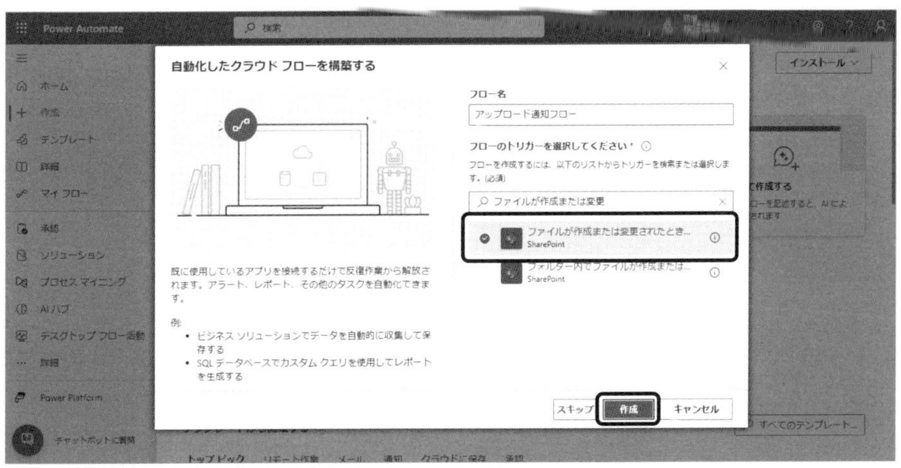

図4-24 [ファイルが作成または変更されたとき（プロパティのみ）(SharePoint)] をトリガーとしたフローを新規作成する

4-3-3 フローを組み立てる

フローを作成すると編集画面に切り替わります。トリガーだけが配置された状態です。この画面でフローを作成していきます（図4-25）。

memo 第3章で説明したように、図4-25の右側の「Copilot」の部分で、日本語で指示を与えながら、フローを作ることもできます。しかし、いつもうまくいくとは限らないので、ここでは、手動でフローを作成していきます。

memo 図4-25のようにトリガーのみの状態では、フローを保存することはできません。保存するには、一つ以上のアクションを追加した状態でなければなりません。

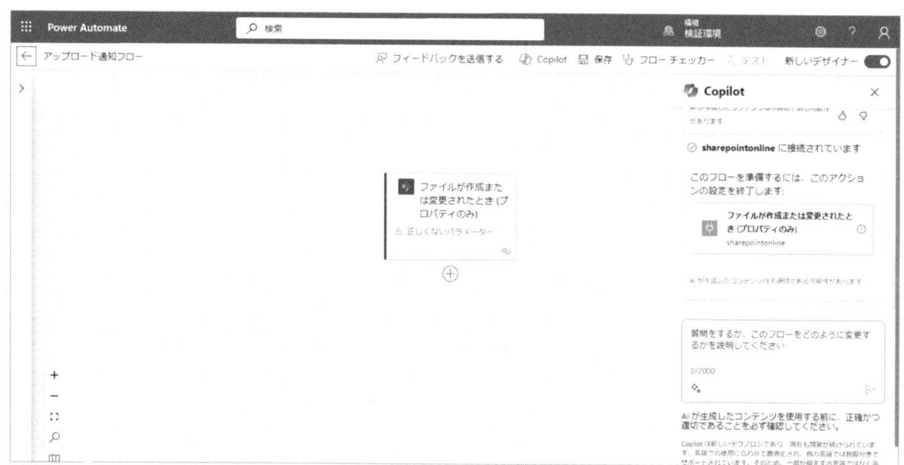

図4-25　トリガーだけが配置された状態

対象のSharePointサイトを設定する

図4-25に示したように、このトリガーは「正しくないパラメーター」と表示されています。これは、対象のSharePointサイトが設定されていないのが理由です。まずは、この部分から、直していきましょう。

手順 トリガーのパラメーターを設定する

[1] サイトのアドレスを設定する

図4-25においてエラーメッセージが表示されているトリガーのブロックをクリックすると、左に、パラメーターを設定するウィンドウが表示されます。

まずは、[サイトのアドレス] のドロップダウンリストから、「4-2-1 SharePointサイトを作る」で作成したSharePointサイト（「検証用サイト」）を選択します（**図4-26**）。

図4-26　サイトのアドレスを設定する

[2] ライブラリ名を設定する

同様に、[ライブラリ名] のドロップダウンリストから、対象のライブラリを選択します。ここでは、[ドキュメント] を選択します (図4-27)。

図4-27　[ドキュメント] を選択する

Teamsに投稿する動作を構成する

以上の設定で、検証用サイトのドキュメントライブラリにファイルが作成された、もしくは、変更されたときに、このフローが動くようになります。

次に、このフローが動いたときに、Teamsに投稿する動作を付け加えます。フローの動作は、「アクション」として構成します。

手順 Teamsに投稿するアクションを構成する

[1] アクションを追加する

トリガーの下の［+］をクリックし、表示されたメニューから［アクションの追加］を選択します（**図4-28**）。

図4-28 アクションを追加する

[2] Teamsに投稿するアクションを選択する

アクションの選択画面が表示されます。Power Automateには、多種多様なアクションがあります。この中からTeamsに投稿するアクションを選択します（**図4-29**）。

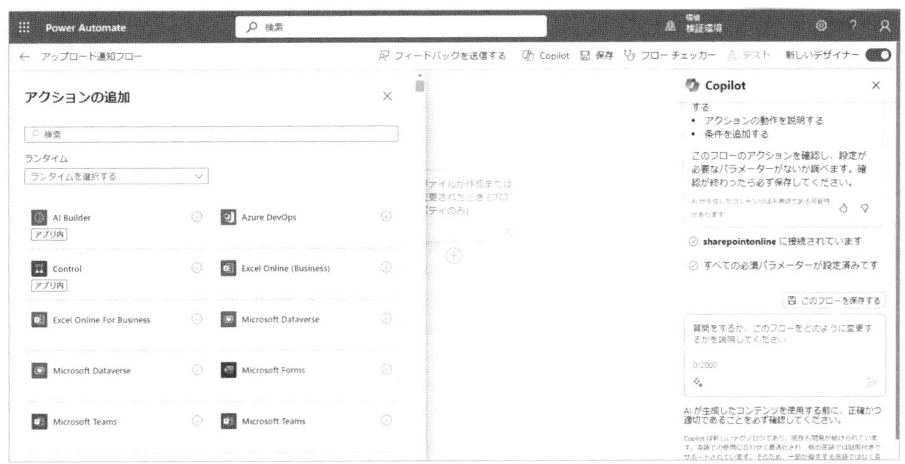

図4-29　アクションを選択する画面

図4-29に示したように、アクションはいくつかの分類に分かれるので、その分類の中から探すのがよいでしょう。

まずは、**図4-29**において、[Microsoft Teams] をクリックします。すると、**図4-30**のように、その分類に含まれるアクション一覧が表示されます。

図4-30　Microsoft Teamsを選択したところ

この一覧の中に、「チャットまたはチャネルでメッセージを投稿する」というアクションがあるので、それをクリックして選択します（**図4-31**）。

memo 間違えたときは、そのアクションやトリガーをクリックして選択状態にして［Delete］キーを押して削除し、やり直してください。

図4-31 ［チャットまたはチャネルでメッセージを投稿する］を選択する

[3] Teamsの投稿者と投稿先の種類を選択する

フローに追加され、サインインが求められるので、［サインイン］をクリックして、Teamsにサインインします（**図4-32**）。

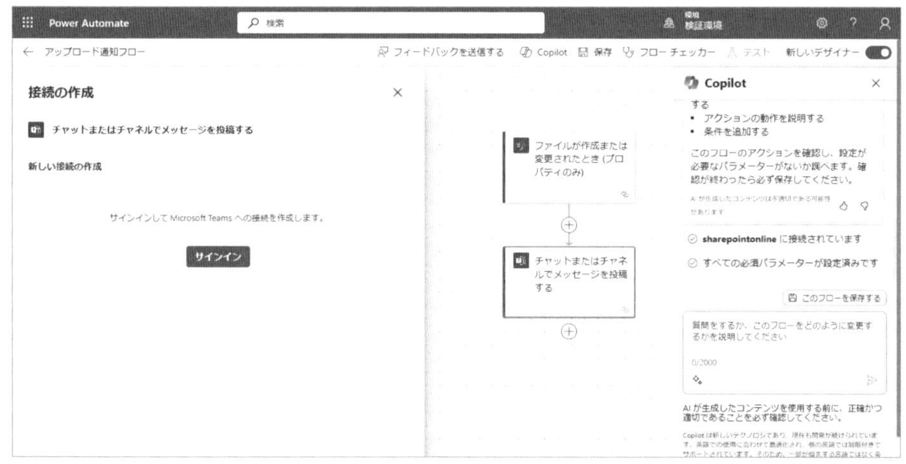

図4-32 Teamsにサインインする

サインインすると「投稿者」と「投稿先」を選択できるので、次のように入力します（**図4-33**）。

・投稿者

投稿するユーザーです。デフォルトでは、「フローボット」が設定されています。これは、フローを構成するロボットという意味です。このデフォルトのままにしておきます。

・投稿先

投稿先の種類です。「Channel」「Chat with Flow bot」「Group chat」のいずれか（もしくは［カスタム値の入力］を選択して、任意の値）を選択できます。ここでは、［Channel］を選択して、Teamsのチャネルに投稿することにします。

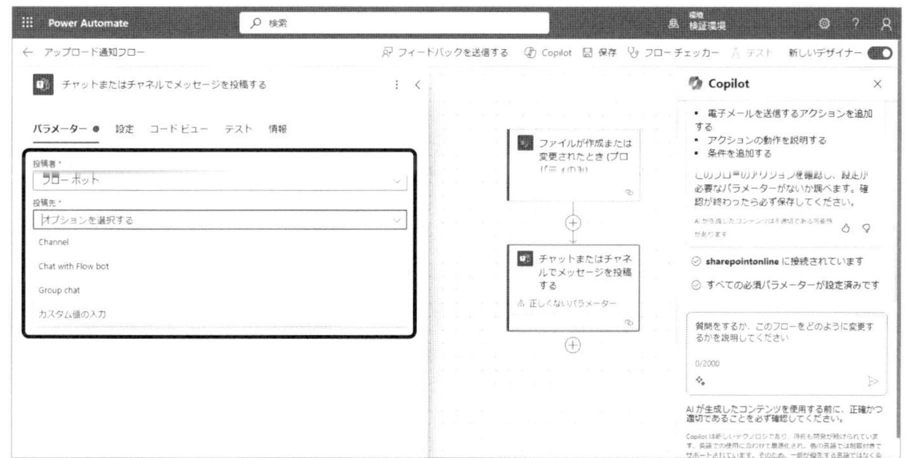

図4-33　投稿者と投稿先を選択する

[4] 投稿先と本文を入力する

投稿先として［Channel］を選択すると、**図4-34**のように投稿先のチームやチャネル、そして、投稿メッセージを入力する画面が表示されます。

まずは、投稿先の［Team］をドロップダウンリストから選びます。ここでは、「4-2-2 Teamsチームを作る」で作成した「新着ドキュメント」のチャネルを選びます。

そして、［Channel］の部分で、そのチャネルを選びます。「新着ドキュメント」には、Generalという一般チャネルしかないので、それを選択します。

図4-34 TeamとChannelを設定する

[5] 投稿本文を入力する

[Message]の部分に、投稿本文を入力します。自由なテキストを入力するだけでなく、トリガーやアクションが出力する値である「動的コンテンツ」、Power Automateで一時的に値を保存できる「変数(Variable)」に保存しておいた値を参照して、その値を埋め込むこともできます。

ここでは、「ファイルがアップロードされました」というメッセージとともに、「ファイルの名前」と「対象のパス名」を含めるようにします。まずは、「ファイルがアップロードされました」と記入します(図4-35)。

図4-35 文字を記入する

[6]「保存されたパス名」を埋め込む

次に、「保存されたパス名」を埋め込むのですが、表示されている「稲妻アイコン」や「fxアイコン」を使います（**図4-36**）。「稲妻アイコン」は、このアクションよりも前のアクション（もしくはトリガー）で処理したデータを参照します。こうしたアクション（もしくはトリガー）が処理した出力のことを「動的コンテンツ」と言います。「fxアイコン」は、式を入力し、その式の結果を参照します。

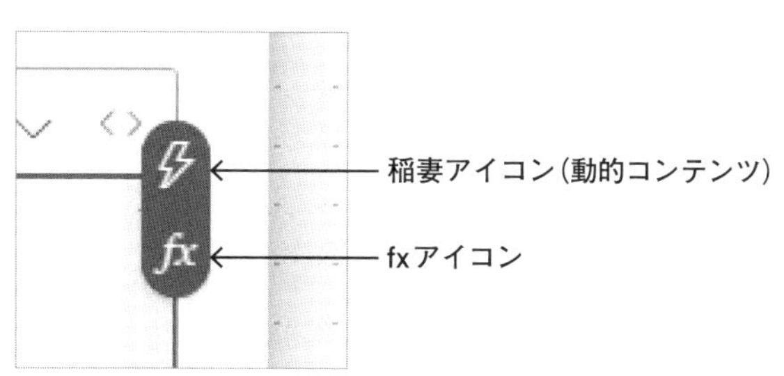

図4-36　動的コンテンツや式を埋め込むボタン

挿入したい位置にカーソルを移動してから、稲妻アイコンをクリックします。すると、参照できる候補が表示されます。

ここで埋め込みたい「ファイルの名前」や「対象のパス名」は、直前の「ファイルが作成または変更されたとき（プロパティのみ）」のトリガーの実行に伴って出力されており、それぞれ、「名前」と「リンク」という動的コンテンツ名で参照できます。

次の操作をして、それぞれを差し込みます。

(1) 表示数を増やす

［ファイルが作成または変更されたとき（プロパティのみ）］の［表示数を増やす］をクリックして、すべての項目を表示します（**図4-37**）。

図4-37 ［表示数を増やす］をクリック

(2) 名前を挿入する

「名前」を探して選択します（図4-38）。

図4-38 名前を挿入する

(3) アイテムへのリンクを入れる

Messageの部分に、参照する項目として「名前」が挿入されました。同じように稲妻アイコンをクリックして、今度は、［アイテムへのリンク］をクリックして挿入します（図4-39）。すると、Messageに配置されます（図4-40）。

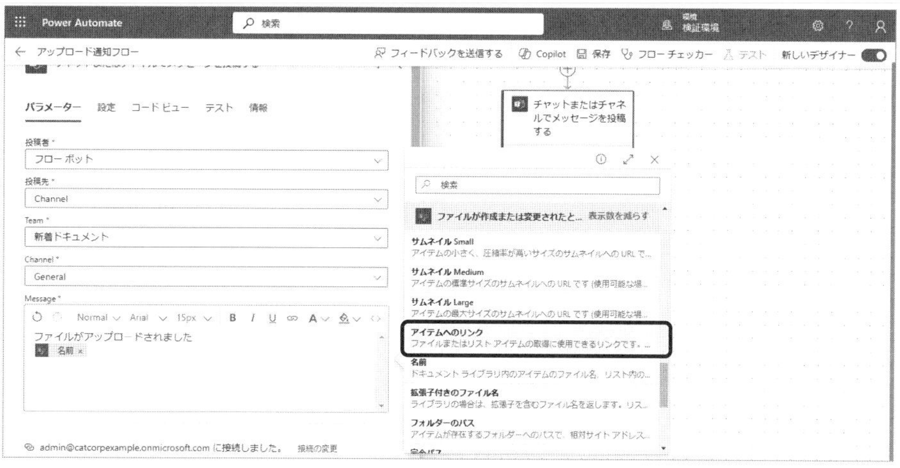

図4-39　アイテムへのリンクを挿入する

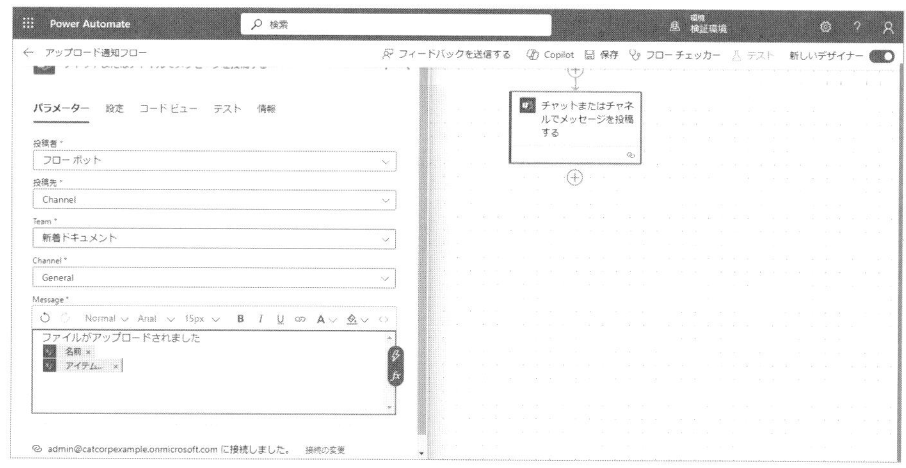

図4-40　アイテムへのリンクを挿入したところ

保存して閉じる

以上で設定完了です。[保存] ボタンをクリックして、保存します (**図4-41**)。

保存したら、左上の [←] のリンクをクリックして、メインメニューに戻ってください。すると、「フローを開始する準備ができました。有効化済みでトリガーによって実行します。」と表示されます (**図4-42**)。

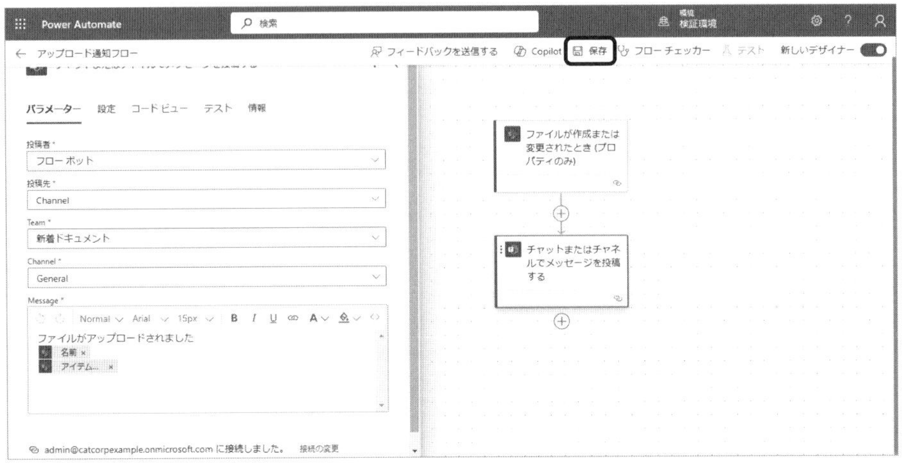

図4-41 保存する

図4-42 トリガーが有効化された

作成したフローは、[マイフロー] に登録されています。一度、閉じてしまった場合でも、[マイフロー] から、この画面に遷移できます (**図4-43**)。内容を確認したいときや、再編集したいときは、この画面からたどってください。

図4-43　作成したフローは、［マイフロー］に登録されている（フローをクリックすると、図4-42に遷移します）

コラム　トリガーを一時的に無効にする

メニューから［オフにする］を選択すると、このフローを一時的に無効（トリガーが発生しても動かない状態）にできます。再び有効にするには、同じ操作で［オンにする］を選択します（**図4-44**）。

図4-44　トリガーを一時的に無効にする

4-3-4 実行とテスト

ファイルをアップロードして、Teamsに投稿されるかを確認します。

手順 ファイルをアップロードしたときにTeamsに投稿されるかを確認する

[1] ドキュメントライブラリにファイルをアップロードする

「4-2-1 SharePointサイトを作る」で作成した、検証用サイトの［ドキュメント］フォルダを開きます。何か適当なファイルをドラッグ&ドロップしてアップロードします（図4-45）。

図4-45 ファイルをアップロードする

[2] Teamsを確認する

Teams（https://teams.microsoft.com/）を開き、「4-2-2 Teamsチームを作る」で作成した「新規ドキュメント」チームを開きます。

「ファイルがアップロードされました」という通知が来るか確認します（図4-46）。このメッセージには、「ファイル名」と「ファイルへのリンク」も含まれていることも確認してください。

> **memo** トリガーによるフローの実行には、最長5分かかります。すぐに動かないようであっても、しばらく待ってください。それでも動かないときは、フローの設定ミスの可能性があります。次節の「動作の確認とデバッグ」を参考にして、問題がないかを確認してください。

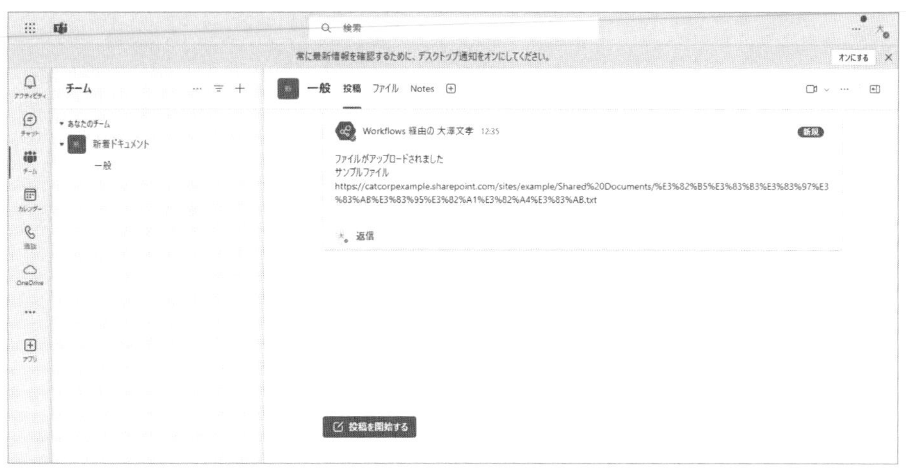

図4-46　Teamsに届いた投稿

4-3-5　動作の確認とデバッグ

ここではフローが想定通りに動いたことを前提としていますが、実際には、何らかの不具合があって、正しく動作しないこともあります。そのようなときは、下記の方法で、正しく動作するかどうかを確認してください。

①実行履歴を確認する

フローの画面の下には、実行履歴という項目があります（**図4-47**）。この項目を確認して、正しく実行されているかどうかを確認してください。

- 実行の履歴が存在しない場合は、トリガーの設定が間違っていて、フローが実行されていない可能性があります。
- 状況が「成功」ではない場合は、フローにミスがある可能性があります。

図4-47　実行履歴

履歴をクリックすると、そのときのフローの実行状況が表示されます。もし不具合があれば、どこで停止したのかがわかります。また、それぞれのブロックをクリックすると内容が展開され、トリガーやアクションで処理したデータの内容を確認できます（**図4-48**）。

図4-48　履歴の詳細

②フローチェッカー

［フローチェッカー］をクリックすると、フローに存在するエラーや警告を確認できます。こうした情報をもとに、フローを修正してください（**図4-49**）。

図4-49　フローチェッカー

③フローのテスト

①で説明したように事後のテストをするのではなく、手動でテストすることもできます。手動でテストしたいときは、フローの編集画面で、［テスト］をクリックします（**図4-50**）。

図4-50　テストを始める

テストには、[手動] と [自動] があります。[手動] を選んで [テスト] をクリックします (図4-51)。

memo [自動] は、最近の実行履歴の中からいくつかを選んで、それをもう一度トレースして実行する機能です。フローを修正したあと、前回と同じトリガー条件で、再実行してテストしたいときに便利です。

図4-51 手動でのテストを始める

待ちの状態になるので、このフローを動かすような操作をします。

今回の例では、ブラウザーで別ウィンドウを開いて、SharePointのドキュメントライブラリにファイルをアップロードします。そうするとトリガーが起動し、フローが逐次実行されていく様子を見ることができます (図4-52)。

memo 取りやめるには、左上の [←] をクリックして、前の画面に戻ってください。

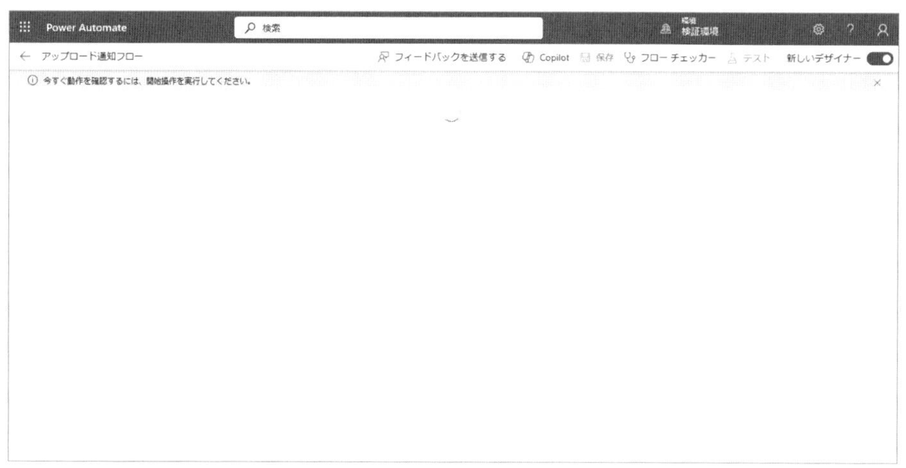

図4-52 この状態でトリガーとなる事象を起こすとフローが実行されていく様子を確認できる

4-4 AI機能で要約する

このようにPower Automateを使うと、ファイルがアップロードされたときにフローを実行でき、Teamsに投稿できることがわかったかと思います。こうしたPower Platformの基本を理解したところで、本題のAI機能を追加していきます。

4-4-1 要約のためのアクション

Power Automateにおいて、AI機能を用いたアクションは［AI Builder］の中にあります（**表4-1**）。

memo AI Builderのアクションを使うには、クレジットが必要です。クレジットの消費量は、アクションによって異なります。「AI Builder計算ツール」（https://powerapps.microsoft.com/ja-jp/ai-builder-calculator/）を使って、必要なクレジットを見積もれます。なお、Power Platformの評価用ライセンスでは、200,000クレジットが付与されるので、その範囲であれば、自由に使えます。AIクレジットについては、「2-2-4　AI Builder試用版をアクティブ化する」を参照してください。

表4-1　AI Builderに用意されているアクション（2024年4月現在）

AI Builder のアクション	解説
AI Builder フィードバックループにファイルを保存	AI のモデルを改善するためのフィードバックループに登録する
GPT でプロンプトを使用してテキストを作成する	Azure OpenAI Service で稼働中の GPT モデルに対してプロンプトを発行し、その結果をテキストとして取得する
ID ドキュメントから情報を抽出する	ID ドキュメント処理モデルを使って、パスワードや米国の運転免許証からデータを抽出する
カスタムモデルの 1 つを使用してテキストからエンティティを抽出する	カスタム AI Builder モデルを使って、AI で抽出した文字と意味情報（エンティティ）を関連付ける
カスタムモデルの 1 つを使用してテキストをカテゴリに分類する	カスタムなカテゴリ分類 AI を使ってデータを分類分けする
テキストからキーフレーズを抽出する	キーフレーズ抽出 AI を使って、データを処理する
テキストで使用されている言語を検出します	言語検出 AI を使って、言語を抽出する
テキスト内の肯定的または否定的な感情を分析する	感情分析 AI を使って、テキストの肯定的・否定的な度合いを取得する

AI Builder のアクション	解説
ドキュメントから情報を抽出する	フォームなどの定型ドキュメントからデータを抽出する
フィールドごとに発生する変化を予測する	データから将来の結果を予測する
レコード ID ごとに何が起きるかを予測する	Dataverse のレコード ID を用いて、将来の結果を予測する
画像の説明を生成する	画像にどのようなモノが写っているかという説明文テキストを生成する
画像や PDF ドキュメントのテキストを認識する	OCR を用いて、画像や PDF をテキスト化する
画像内の物体の検出とカウント	物体検出 AI を使って、物体の位置や数を検出する
請求書から情報を抽出する	請求書のフォームからデータを抽出する
標準モデルを使用してテキストからエンティティを抽出する	標準的なモデルを使って、AI で抽出した文字と意味情報（エンティティ）を関連付ける
標準モデルを使用してテキストをカテゴリに分類する	標準的なモデルを使って、データを分類分けする
名刺から情報を抽出する	名刺から連絡先などの情報をテキスト化する
予測	AI Builder モデルの予測アクションを使って、さまざまなデータを予測する
領収書から情報を抽出する	領収書のフォームからデータを抽出する

今回は、アップロードされたファイルの要約をするために「GPTでプロンプトを使用してテキストを作成する」アクションを使います。

このアクションは、「GPTモデル」と呼ばれる生成AIにテキストを渡すことで、そのテキストに対して、「応答生成」「分類」「感情分析」「要約」「抽出」の操作ができます。これは、プロンプトとして選択できます（図4-53）。

memo 実際には、プロンプトをカスタマイズできるため、これら5種類以外の目的で使うこともできます。詳細は、「4-4-5　プロンプトのカスタマイズ」で説明します。

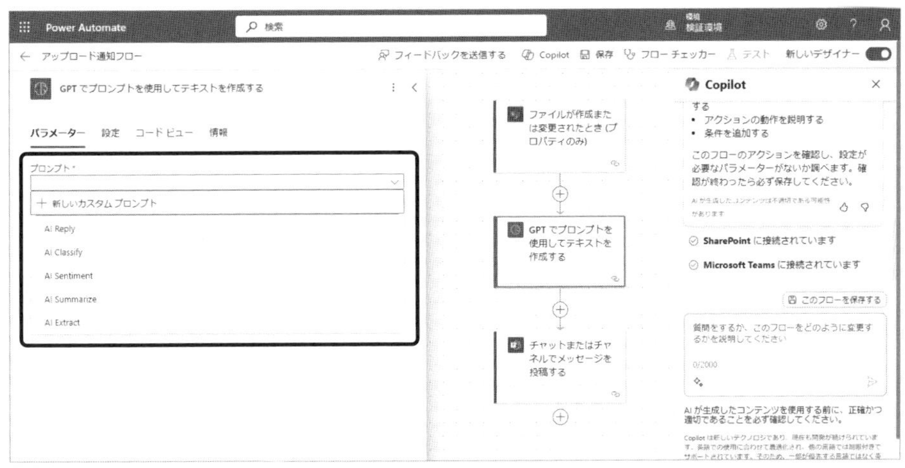

図4-53 「GPTでプロンプトを使用してテキストを作成する」で選択できるプロンプト

要約処理に相当する［AI Summarize］を選択したときは、「Input Text」という入力項目が現れます。ここに、要約対象となるテキストを設定すれば、要約できます（図4-54）。

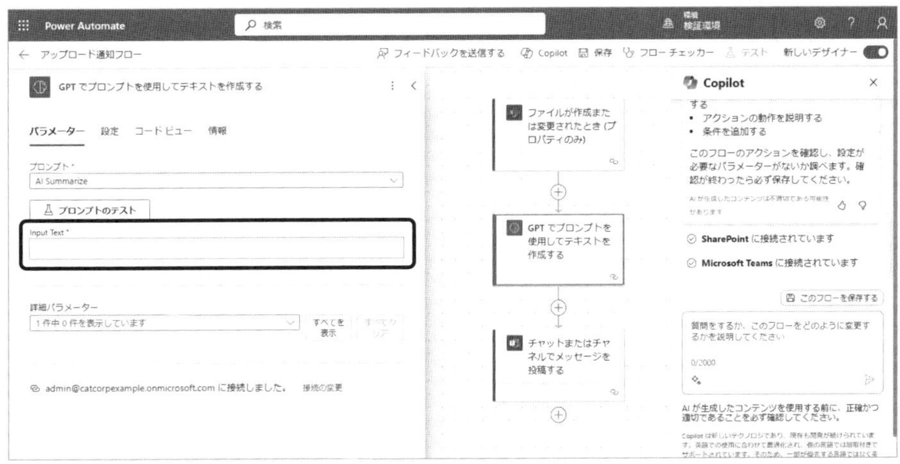

図4-54 Input Textに、要約対象のテキストを設定する

4-4-2 要約するためのフローの流れ

このように、「GPTでプロンプトを使用してテキストを作成する」アクションを使い、プロンプトに[AI Summarize]を設定して要約対象のテキストを[Input Text]に設定すれば、そのテキストを要約できます。

今回の要約の対象は、アップロードされたファイルです。よって、アップロードされたファイルを読み取り、その読み込んだテキストを、この[Input Text]に設定すればよいわけです。

そして、生成された要約を「チャットまたはチャネルでメッセージを投稿する」アクションのMessageのところに埋め込めば、その要約をTeamsに投稿できます（図4-55）。

図4-55 要約するフローの概要

フローをこのように修正する場合のポイントは2つあります。

①ファイルの読み込み処理

まずは、アップロードされたファイルを読み込む処理が必要です。

アップロードされたファイルは、SharePointの「ファイルコンテンツの取得」アクションで読み込めます。このアクションでは、SharePointファイル名とファイルの識別子を指定します。ファイルの識別子には、「ファイルが作成または変更されたとき（プロパティのみ）」トリガーが出力する動的コンテンツの[識別子]を指定します（図4-56）。

図4-56　ファイルの内容を取得する「ファイルコンテンツの取得」アクション

読み込んだファイルは、この「ファイルコンテンツの取得」アクションの［ファイルコンテンツ］という動的コンテンツに出力されます。ですから、「GPTでプロンプトを使用してテキストを作成する」アクションの［Input Text］の部分には、稲妻アイコンをクリックして、［ファイルコンテンツ］の値を参照するように構成します（**図4-57**）。

これで、ファイルの内容がGPTで処理されて要約されます。

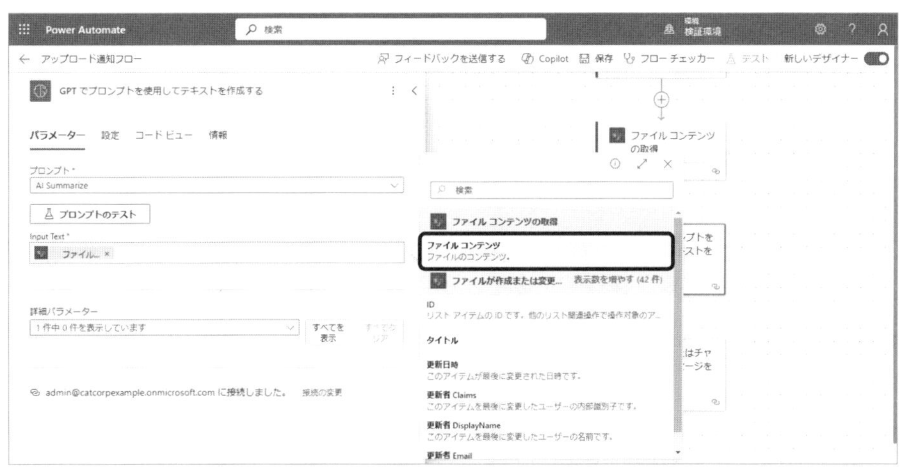

図4-57　読み込んだテキストをInput Textに設定する

②「GPTでプロンプトを使用してテキストを作成する」アクションで生成された要約

要約されたテキストは、「GPTでプロンプトを使用してテキストを作成する」アクションの［テキスト］という動的コンテンツで参照できます。ですから、Teamsに投稿するMessageの部分では、稲妻のアイコンをクリックして、この値を参照するように構成します（**図4-58**）。

図4-58　生成された要約をTeamsの投稿に差し込む

4-4-3 要約のフローを追加する

全体の流れがわかったところで、実際に、Power Automateを操作し、このフローを作成していきます。

手順 要約のフローを追加する

[1] フローの編集画面を開く

［マイフロー］をクリックして、フロー一覧を表示します。すでに作成済みの［アップロード通知フロー］の右側の鉛筆のマークのアイコンをクリックし、編集画面を開きます（**図4-59**）。

図4-59　フローの編集画面を開く

[2] アクションを追加する

既存の「ファイルが作成または変更されたとき（プロパティのみ）」トリガーと「チャットまたはチャネルでメッセージを投稿する」アクションの間に、これまで説明してきた、AIによる要約のアクション群を追加していきます。矢印上の［＋］をクリックして、［アクションの追加］を選択します（**図4-60**）。

図4-60　アクションを追加する

[3]「ファイルコンテンツの取得」アクションを追加する

ファイルを読み込むため、「ファイルコンテンツの取得」アクションを追加します。

[SharePoint] をクリックして選択し（**図4-61**）、[ファイルコンテンツの取得] をクリックします（**図4-62**）。

図4-61 [SharePoint] を選択する

図4-62 [ファイルコンテンツの取得] を選択する

[4] 読み込むファイルを設定する

「ファイルコンテンツの取得」アクションに、読み込むべきファイルを設定します（図4-63）。

・サイトのアドレス
SharePointサイトのアドレスを設定します。ここでは、「検証用サイト」を指定します。

・ファイル識別子
対象ファイルを指定します。「ファイルが作成または変更されたとき（プロパティのみ）」の［識別子］が、それに該当する値なので、稲妻ボタンをクリックして、この動的コンテンツを指定します。

memo ［識別子］は、保存後に再編集すると、［Identifier］と英字に変換されることがありますが、問題ありません。

図4-63 「サイトのアドレス」と「ファイル識別子」を設定する

[5]「GPTでプロンプトを使用してテキストを作成する」を追加する

続いて、AI処理の心臓部とも言える「GPTでプロンプトを使用してテキストを作成する」アクションを追加します。[+] をクリックして [アクションの追加] を選択し（**図4-64**）、[AI Builder] を選択します（**図4-65**）。その中の [GPTでプロンプトを使用してテキストを作成する] を選択します（**図4-66**）。

図4-64　アクションを追加する

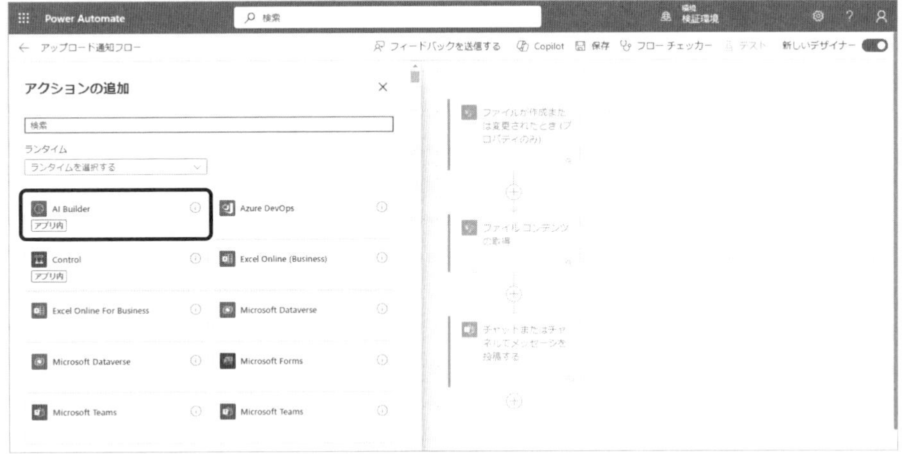

図4-65　AI Builderを選択する

図4-66 「GPTでプロンプトを使用してテキストを作成する」を追加する

[6] サインインする

初回に限り、Dataverseに接続するためのサインインが求められます。[サインイン]をクリックして、サインインします（図4-67）。

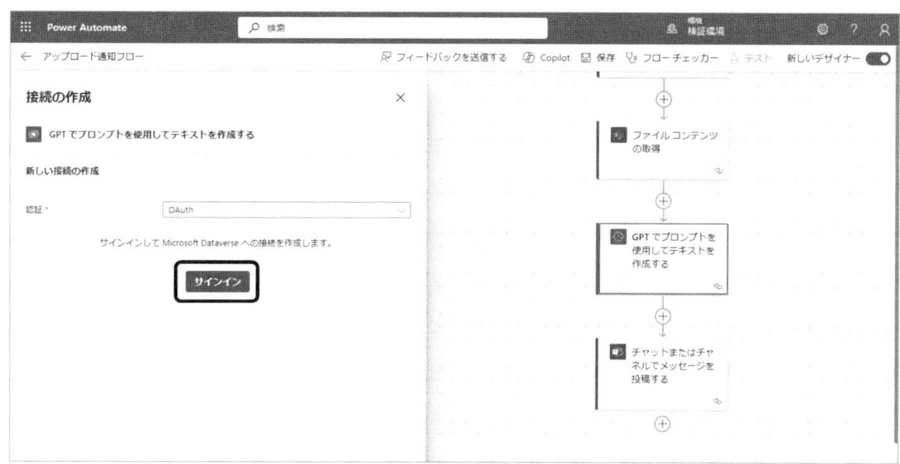

図4-67 サインインする

[7] プロンプトを選択する

AI Builderでは、「AI Reply（応答生成）」「AI Classify（分類）」「AI Sentiment（感情分析）」「AI Summarize（要約）」「AI Extract（抽出）」の操作ができます。どの操作をするのかを、[プロンプト] として設定します。ここでは、要約したいので、[AI Summarize] を選択します（**図4-68**）。

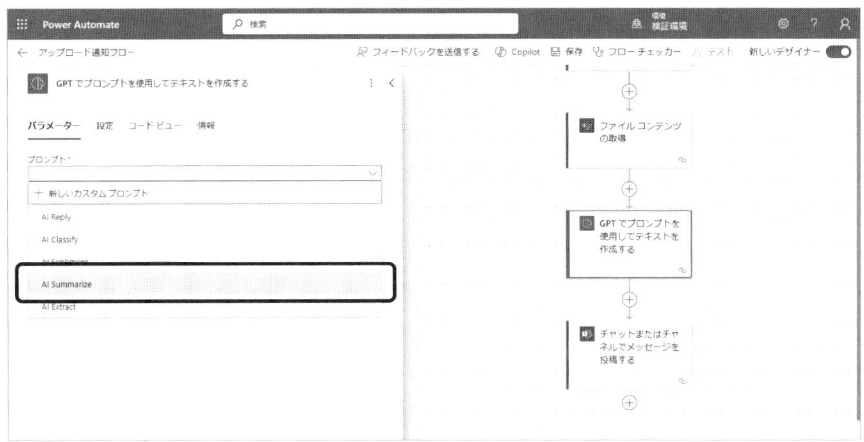

図4-68　[AI Summarize] を選択する

[8] 要約対象テキストを設定する

[Input Text] に要約対象テキストを設定します。読み込んだファイルのテキストは、「ファイルコンテンツの取得」アクションの [ファイルコンテンツ] に出力されているので、稲妻アイコンをクリックして、それを選択します（**図4-69**）。

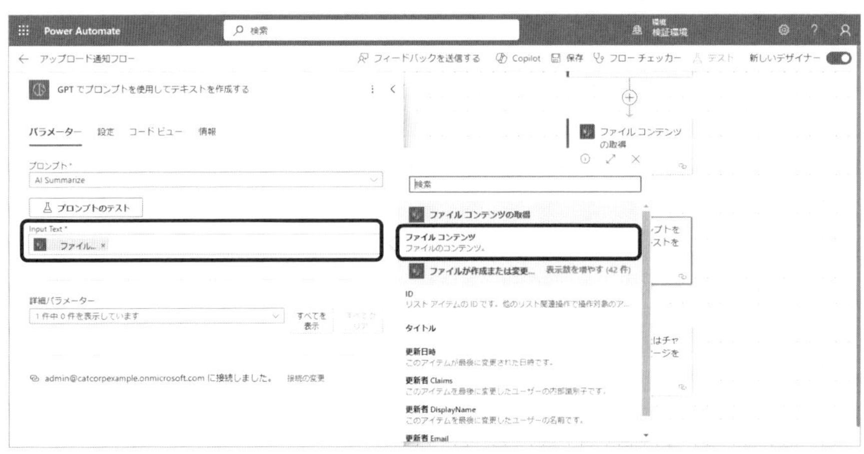

図4-69　要約対象テキストを [Input Text] に設定する

[9] 要約をTeamsに投稿するメッセージに含める

要約結果は、「GPTでプロンプトを使用してテキストを作成する」アクションの［テキスト］に出力されます。そこで、この要約結果を、Teams投稿のメッセージに含めるようにします。

「チャットまたはチャネルでメッセージを投稿する」アクションをクリックして設定ウィンドウを表示し、［Message］の部分で、その旨を付け加えます。ここでは、「要約は下記の通りです」というテキストメッセージを記入し、その下に、稲妻アイコンをクリックして、「GPTでプロンプトを使用してテキストを作成する」アクションの［テキスト］を挿入しました（**図4-70**）。

図4-70　要約をTeamsに投稿するメッセージに含める

4-4-4 AI要約の動作確認

以上でフローの変更は完了です。保存してフロー一覧に戻ってください。

memo 保存したときに、「フローは保存されましたが、警告があります。…略…。コンテンツを誰かに手動で確認してもらうには、'GPTでプロンプトを使用してテキストを作成する'アクションの後に「開始してテキストの承認を待機」アクションを追加します」という警告が表示されることがありますが、無視してかまいません。これはGPTの生成が、好ましくない回答を生成する可能性があるため、人間の確認をとったほうがよいという推奨がされているだけです。

そして、SharePointサイトのドキュメントライブラリに適当なテキストファイルをアップロードします。残念ながら、長いテキストは要約できないので、短めのテキストファイル（1000文字程度）をアップロードしてください（図4-71）。しばらくすると、図4-72のように、その要約がTeamsに投稿されます。

図4-71　短めのテキストファイルをアップロードする

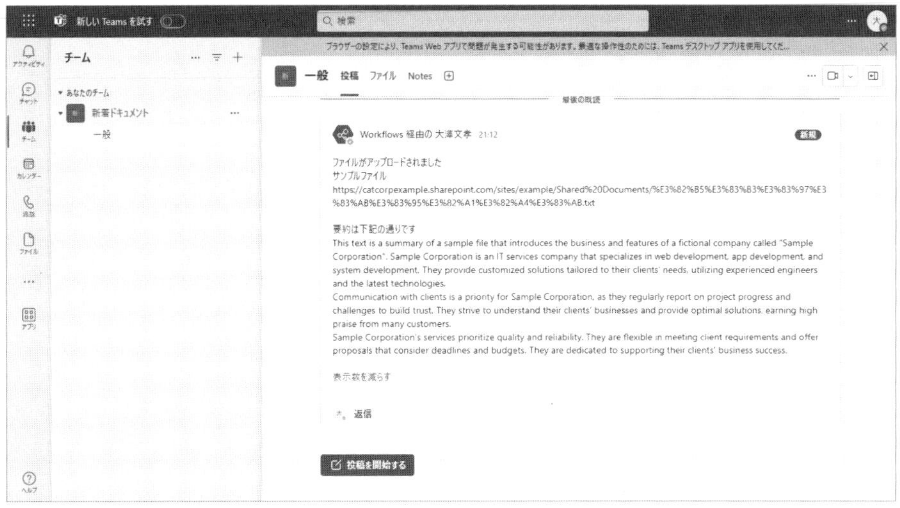

図4-72　要約が投稿された

コラム　アップロードしたファイル

今回、サンプルとして使用したテキストファイルは、下記の通りです。このファイルは、OpenAI社の生成AIサービスであるChatGPT（https://chatgpt.com/）で、「『このファイルはサンプルファイルです。』から始まる、1000文字ぐらいの、適当な文章を作ってください。」と命令することで、自動で生成したものです。

> このファイルはサンプルファイルです。ここでは、架空の会社「サンプル株式会社」の業務内容や特徴について紹介します。サンプル株式会社は、IT関連のサービスを提供する会社で、主にウェブ開発やアプリ開発、システム開発などを手掛けています。当社の強みは、クライアントのニーズに合わせたカスタマイズされたソリューションを提供することです。経験豊富なエンジニアがチームを組み、最新技術を駆使してプロジェクトに取り組んでいます。
> また、サンプル株式会社では、クライアントとのコミュニケーションを重視しており、プロジェクトの進捗状況や課題について定期的に報告を行い、クライアントとの信頼関係を築いています。お客様のビジネスを理解し、それに最適なソリューションを提供することをモットーとしており、多くのお客様から高い評価を得ています。
> サンプル株式会社のサービスは、品質と信頼性にこだわり、常に最善を尽くしています。クライアントの要望に応じて柔軟に対応し、納期や予算にも配慮した提案を行っています。お客様のビジネスを成功に導くために、サンプル株式会社が全力でサポートいたします。

コラム　［データ操作：作成］で動的コンテンツのデータを見てデバッグする

Power Automateのフロー開発では、「どこまでフローが正しく動作しているのか」「データは正しく取得できるのか」を確認するため、動的コンテンツのデータを確認できると、開発がはかどります。

そんな場面では、［データ操作:作成］のアクションを使うとよいでしょう。このアクションの［入力］として、中身を確認したいデータを設定しておきます（**図4-73**）。

そしてテスト実行し、この［データ操作：作成］をクリックすると、そのデータの詳細が左側に表示され、内容を確認できます。作ったフローがうまく動かないときの、デバッグの手段として覚えておくとよいでしょう。

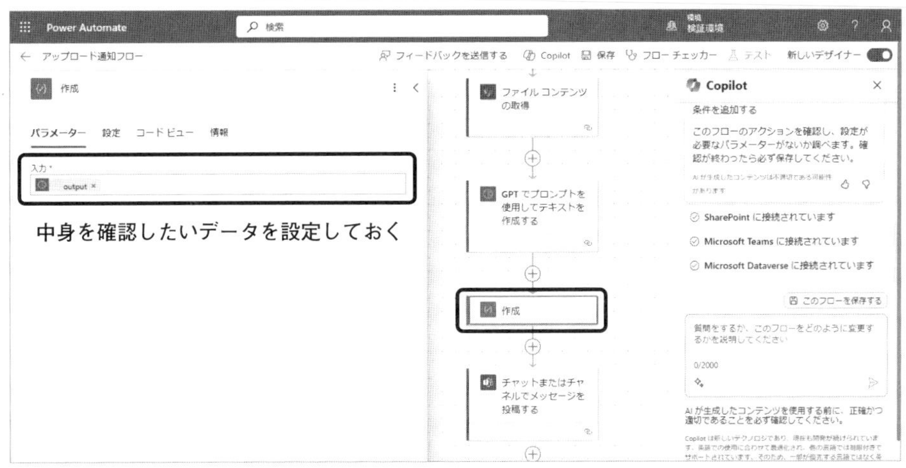

図4-73 ［データ操作：作成］アクションを構成する

図4-74 テスト実行して［データ操作：作成］をクリックすると、そこを通った時点でのデータを確認できる

4-4-5 プロンプトのカスタマイズ

実行結果を見ると、残念ながら**図4-72**のように結果が英語です。この結果から想像すると、日本語の処理ができないのかと諦めがちですが、実はそうではなく、GPTに送信しているプロンプトに問題があります。

> ***memo*** 原理的に、プロンプトがデフォルトで日本語化されれば、この問題は解決されます。皆さんが本書をお読みの頃には、この問題は、発生しないかもしれません。

ここまでの流れでは、[プロンプト] として [AI Summarize] を選択しました。これは要約のプロンプトです。このプロンプトの内容は、[プロンプトのテスト] をクリックすると確認できます（**図4-75**）。

図4-75 ［プロンプトのテスト］をクリックする

実はこの [AI Summarize] というのは、**図4-76**に示したプロンプト全体をGPTに送り、それを生成して返す仕組みになっています。この文は「英語」なので、結果が英語として戻ってくるのです。

図4-76 設定されているプロンプト

ですから、これを日本語のプロンプトにすれば、日本語で戻ってくる可能性が高くなります。実際にやってみましょう。

手順 プロンプトを変更する

[1] カスタムプロンプトを作る

［新しいカスタムプロンプト］を選択して、カスタムプロンプトを作ります（図4-77）。

図4-77　カスタムプロンプトを作る

[2] テンプレートから開始する

プロンプトの入力画面が表示されます。［テンプレートから開始する］をクリックし、［テキストを要約する］を選択します（図4-78）。

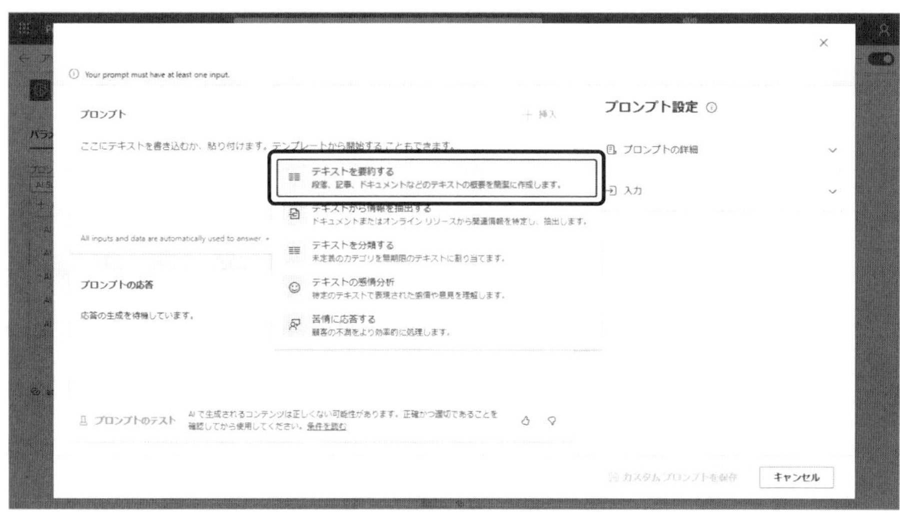

図4-78　テンプレートから開始する

[3] 日本語の内容が設定される

日本語のプロンプトが設定されます。[名前]に適当な名前を入力して、[カスタムプロンプトを保存]をクリックします。ここでは「日本語での要約」としました(**図4-79**)。

図4-79　プロンプトを保存する

以上で、フローを保存して実行し直すと、今度は、日本語で要約が表示されるようになります（**図4-80**）。

ここでは、日本語で要約する例を示しましたが、**図4-79**のプロンプトは、好きなように変更できます。ここは、GPTの「プロンプトエンジニアリング」の世界です。好みの回答が出るよう、カスタマイズしていってください。

memo 「プロンプトエンジニアリング」は、生成AIにおいて、欲しい回答が得やすくなるよう、聞き方（プロンプト）を考案する技法のことです。こちらのページを参照してください（https://learn.microsoft.com/ja-jp/azure/ai-services/openai/concepts/prompt-engineering）。

図4-80　日本語で要約された

4-5 まとめと課題

この章では、AI Builderの生成AI機能である「GPTでプロンプトを使用してテキストを作成する」を使って、テキストを要約するAIアプリを作りました。

ここでは要約をしましたが、GPTへ入力するものですから、プロンプト次第で、どうにでもなります。例えば、**表4-2**のような応用が考えられます。

表4-2 プロンプトの応用

目的	プロンプトの例
翻訳	以下のテキストを翻訳してください
不快な表現がないかの確認	以下のテキストに不快な表現がないかを判断し、もしあれば、その表現の箇所を抜き出し、どのように置き換えるのが妥当かも併せて提案してください
部分一致箇所の抜き出し	以下のテキストから氏名と思われる部分だけをカンマ区切りで抜き出してください

ところで、この章で作ってきたサンプルアプリは、ごく単純なものであり、いくつか課題もあります。例えば、次の点が問題です。

- 長いテキストファイルの要約に失敗する
- テキストファイル以外の要約に失敗する

これらの問題に対応する方法は、生成AIの本質ではないので、それぞれコラムに示します。どちらの実装方法も少し複雑で、本書の内容を超えます。また、コラムに示した方法でも、完璧に対応できるわけではありません。そうした理由からコラムでは、具体的なやり方よりも考え方を重視して記載しています。これらを参考に、各自で創意工夫して実装してみてください。

コラム　長いテキストファイルにも対応する

「GPTでプロンプトを使用してテキストを作成する」に渡せるテキストの長さには限度があります。あまりに長すぎるテキストを渡すと、「Input prompt length cannot exceed 64936 characters or 16384 tokens. Please try again with a shorter prompt」というエラーが発生します（**図4-81**）。

図4-81　長いテキストファイルを渡そうとしたときのエラー

そのため長いテキストは、あらかじめ短くしてから渡す必要があります。Power Platformでは、Power Fxという言語でsubstring関数を使って、左から指定した文字数分だけを取り出せます。そこで例えば、**図4-82**のようにsubstring関数を追加して、先頭から4000文字ほど取り出して（実際はもう少し長く渡せると思います）、それを渡すようにすれば、このエラーを回避できます。

> ***memo***　substring関数は、substring（文字列, 開始位置, 長さ）の書式で使う関数で、文字列の一部を取り出します。開始位置は「0」から始まるインデックスで指定します（0が先頭です）。

もちろん先頭だけを渡す処理では、後ろの部分が処理されませんから、全体の文意は失われます。より精度を高め、文意をできるだけ失わないようにするためには、先頭から短く区切ったブロック単位で要約し、そうしてまとめた要約をさらに要約してまとめていくような工夫が必要です。

memo 長いテキストを渡すと、その分だけAI Builderクレジットを大きく消費します。

図4-82　先頭から4000文字取り出して、それを渡す

コラム Wordファイルの要約ができるようにする

業務で使うことを考えると、テキストファイルだけでなく、WordやExcelなどのファイルも要約できると使い勝手がよくなります。しかしながら、本書の執筆時点では、「GPTでプロンプトを使用してテキストを作成する」に渡せるのはテキストだけで、これらのファイルを直接渡すことはできません。そのためテキストに変換してから渡す処理が必要です。

詳細は省きますが、WordやExcelなどのファイルは、ZIP形式ファイルであり、その中にXML形式のデータとして、テキストが格納されています。例えば、Word形式のファイルは、ZIP形式として展開でき、そのwordフォルダの中のdocument.xmlが、その本文です（**図4-83**）。

【WordprocessingML ドキュメントの構造】
https://learn.microsoft.com/ja-jp/office/open-xml/word/structure-of-a-wordprocessingml-document

【SpreadsheetML ドキュメントの構造】
https://learn.microsoft.com/ja-jp/office/open-xml/spreadsheet/structure-of-a-spreadsheetml-document

```
│  [Content_Types].xml
│
├─docProps
│     app.xml
│     core.xml
│
├─word
│  │  document.xml  ←───── 本文のXML形式ファイル
│  │  fontTable.xml
│  │  settings.xml
│  │  styles.xml
│  │  webSettings.xml
│  │
│  ├─media
│  │
│  ├─theme
│  │      theme1.xml
│  │
│  └─_rels
│         document.xml.rels
│
└─_rels
     .rels
```

図4-83　Wordドキュメントの構造

処理が複雑になりますが、Power Platformのフローで、こうした展開をしてテキスト化したもの（**図4-83**であれば、word/document.xmlファイル）を「GPTでプロンプトを使用してテキストを作成する」に渡せば、Wordファイルの要約ができます。

以下、それを実装するためのフローの例を示します。

memo 実際に組み込むときは、拡張子が「.docx」であるかを判定して、そのときだけ処理するなどの仕組みが必要です。なお、以下の例では、XMLのタグも含めて、丸ごとGPTに渡しています。GPTは多少のノイズが含まれていても、うまく処理するので、要約程度であれば、このようにXMLのまま渡しても、およそうまく処理できます。

手順 Wordファイルの要約ができるようにする（抜粋）

[1]SharePointサイトに新しいドキュメントライブラリを用意する

SharePointサイトにて［＋新規］―［ドキュメントライブラリ］をクリックし、展開先となる空のドキュメントライブラリを用意します。例えば、「一時展開先」などの名前とします（図4-84）。

> **memo** トリガーを設定したドキュメントライブラリとは別のドキュメントライブラリに展開することが重要です。そうしないと、「ファイルを展開する際にトリガーが実行され、さらにまた別のトリガーが……」というように、何重にもトリガーが実行されてしまいます。トリガーがさらに別のトリガーが実行されるきっかけになって、永遠とトリガーが実行され続けてしまう状況を「無限トリガー」と言います。

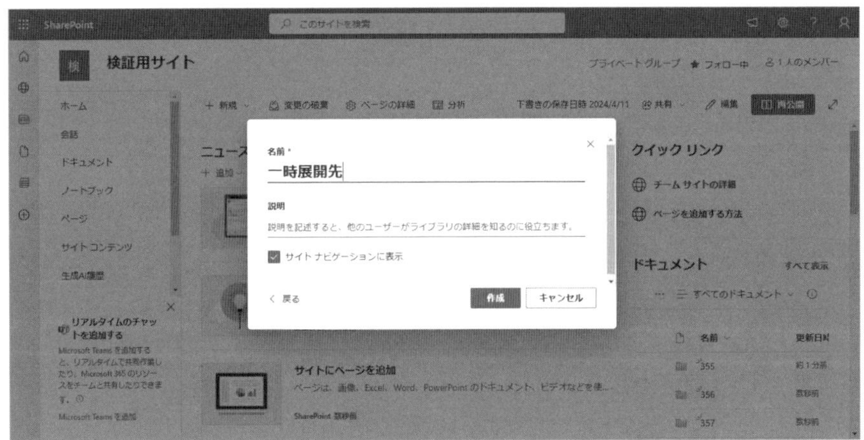

図4-84 一時展開先となるドキュメントライブラリを作る

[2] GPTに渡す前に展開する

本文中では、アップロードされたファイルの内容を「ファイルコンテンツの取得」アクションで読み込んで「GPTでプロンプトを使用してテキストを作成する」に渡していますが、この処理の直前に、Wordファイルを展開する処理を加えます。

SharePointコネクタにある「新しいフォルダーの作成」と「フォルダの展開」の2つのアクションを使います。

まずは、「新しいフォルダーの作成」アクションを追加し、手順［1］で作成した一時展開先に適当なフォルダーを作る処理を加えます。アップロードされたアイテムは、「1」「2」のようなIDが付き、これは重複しないので、ここでは、この値を採用します。**図4-85**のようにしてフローを構成します。

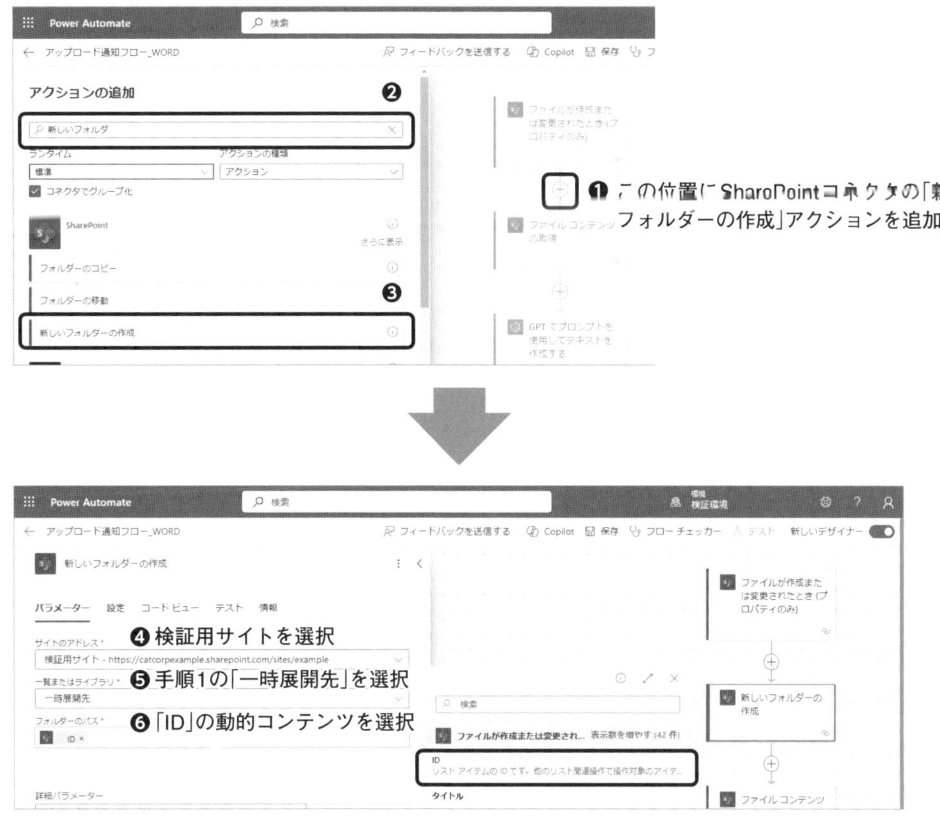

図4-85　「新しいフォルダーの作成」アクションを追加する

次に、「フォルダの展開」アクションを追加し、アップロードされたWord形式ファイルを展開するようにします。いま配置した「新しいフォルダーの作成」アクションは、作成したフォルダーのパスを「完全パス」という動的コンテンツに出力するので、それを展開先（宛先フォルダーパス）として設定します。このとき［上書きフラグ］は［はい］にして上書きするようにしないと展開に失敗するので注意してください（図4-86）。

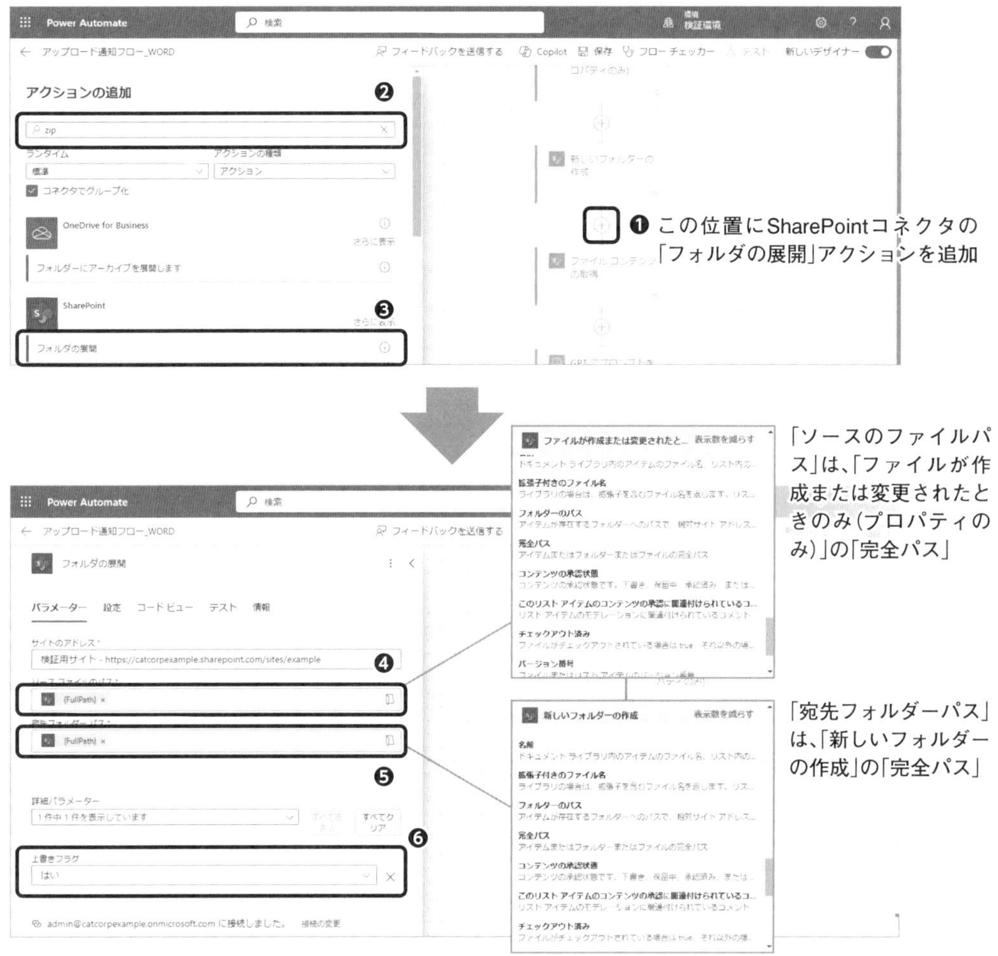

図4-86 「フォルダの展開」アクションを追加する

［3］展開後のファイルをGPTに渡す

手順［2］で展開したフォルダーのword/document.xmlファイルが本文のXMLファイルなので、これを読み込んでGPTに渡します。

現在、ファイル読み込みのアクションとして、対象IDのファイルを読み取る「ファイルコンテンツの取得」アクションを使っているので、これをクリックして選択し、まずは削除します（**図4-87**）。

そして指定したファイルパスからファイルを読み込むため、「パスによるファイルコンテンツの取得」アクションを追加し、［ファイルパス］として、「展開後のパス」と「/word/document.xml」をつなげたものを設定します。これで、展開後のword/document.xmlを読み取れます（**図4-88**）。

図4-87　既存の「ファイルコンテンツの取得」アクションを削除する

図4-88　展開後のword/document.xmlを読み込む

最後に、「GPTでプロンプトを使用してテキストを作成する」に渡すテキストを、**図4-88**の「パスによるファイルコンテンツの取得」アクションで読み込んだテキストに変更します（**図4-89**）。

以上で、Wordファイルをアップロードしたとき、その要約が通知されるようになります。

図4-89 GPTに渡すテキストを変更する

05

第5章

社内資料から調べて回答するボット

5-1 この章で作るAIアプリ

膨大な資料から知りたい事柄を調べるには時間がかかります。長い文章ではなおさらです。しかしAIを使えば、一瞬で探し出し、回答としてまとめて出力できます。

この章では、知りたい事項を入力すると、それを事前にアップロード済みの社内資料から調べて回答してくれるボットを作ります。

ボットには、あらかじめ社内資料が公開されているサイトのURLを設定、もしくは、資料そのものをアップロードしておきます。そうすると、ユーザーがチャット画面で、「これについて教えて」と入力したときに、資料を基に回答してくれるようになります（**図5-1**）。

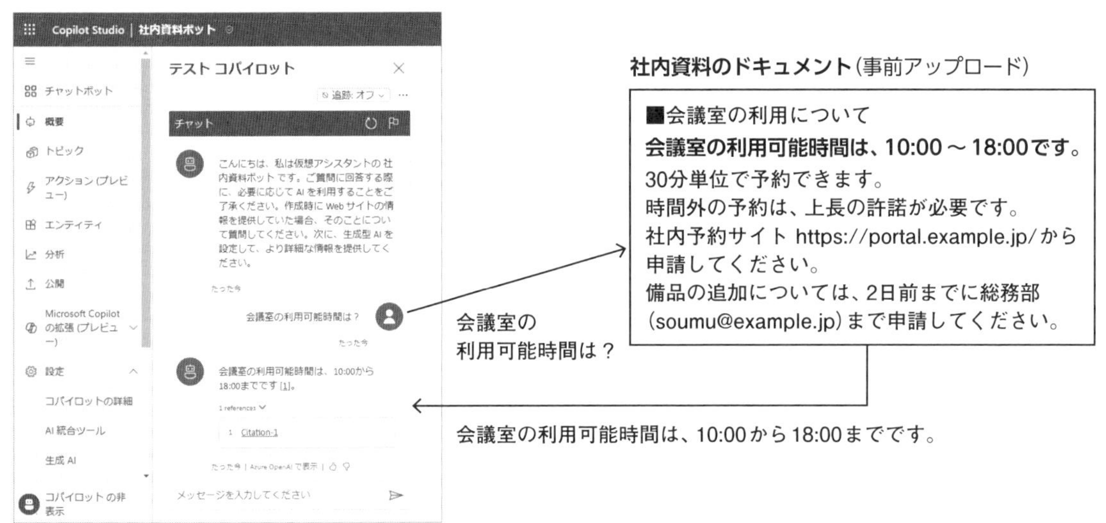

図5-1 この章で作るAIアプリ

この章で作るAIアプリの中心となるのが、「Copilot Studio」です。

Copilot Studioは、カスタムなボットを作るサービスです。ユーザーとの会話に「こういう言葉が含まれるときは、こうした処理をする」というフローを作ることで、会話に応じた処理を実装できます。こうしたフローの中に、「生成AIに会話を渡して、その回答を返す」という処理を含めることで、資料からの検索や要約などの作業ができるようになります。

memo Copilot Studioは「Power Virtual Agents」と呼ばれていたサービスで、Power Platformのドキュメントやヘルプの一部ではまだこの名称が記載されていることがあります。Power Virtual Agentsは、ユーザーが入力する文章のフレーズから意図（インテント）を抽出し、その中に含まれる単語（エンティティ）を抽出して処理する仕組みです。例えば、「ピザを10枚ください」という入力テキストを、（「ください」と言っていることから）「注文」というインテントだと判断し、そこに含まれる「ピザ」「10枚」というエンティティを処理するフローを実行するという具合です。SalesforceやZendeskなどの人間のオペレーターが対応するチャットオペレーションサービスと連携し、会話を人間に引き継ぐように構成することもできます（その設定は、［顧客エンゲージメントハブ］にあります）。このあと、Copilot Studioの処理フローに相当するトピックを編集する話が出てきます。その前提として、「会話の意図を処理するサービスである」「人間が介入することも可能なチャットサービスである」と知っていると、理解が早いかもしれません。

Copilot Studioで作ったボットのことを「コパイロット」と呼びます。コパイロットは、単体で共有して皆で使うこともできますが、他のアプリケーション――例えば、Power AppsのフォームやTeams、Slackなど――に組み込んで使うこともできます（**図5-2**）。

memo 歴史的な理由から、Copilot Studioで作ったボットは、「コパイロット」とも「ボット」とも呼ばれます。どちらも同じ意味です。

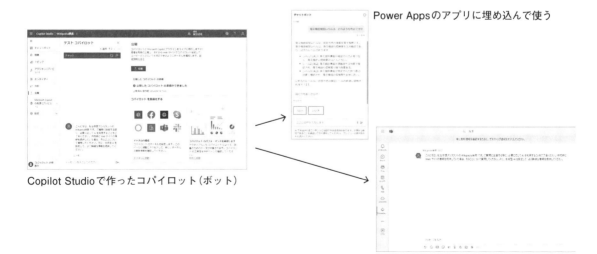

Copilot Studioで作ったコパイロット（ボット）

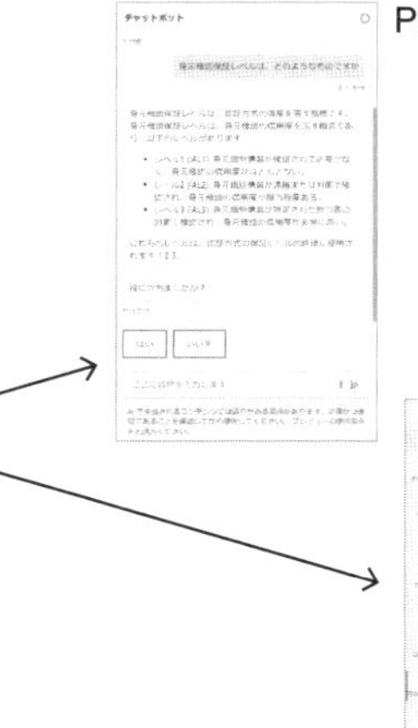

図5-2　作ったコパイロットは、別のアプリケーションに組み込んで使える

コラム コパイロットプラグイン

本書では説明しませんが、Copilot Studioでは、Microsoft Copilot for Microsoft 365などのMicrosoft製品全体のコパイロットから呼び出せる「コパイロットプラグイン」を開発できます。

コパイロットプラグインには、会話だけをサポートする「会話プラグイン」と、会話だけでなく処理フローを実行できる「AIプラグイン」があります。こうしたプラグインを開発してMicrosoft 365管理センターで展開すると、そのテナントのユーザーが接続して、Microsoft 365（OfficeやExcel、PowerPointなど）に付いているコパイロットから接続して利用できるようになります。

例えば、自社の資料に基づく回答をする会話プラグインを開発して展開しておけば、WordやExcelなどで資料を作る際、コパイロットで会話して、その資料を調べながら、ドキュメントを作ることができ、業務のDXを大きく向上できます。

【コパイロット プラグインの作成と構成】
https://learn.microsoft.com/ja-jp/microsoft-copilot-studio/copilot-plugins-overview

5-2 Copilot Studioを始める

それでは実際に、Copilot Studioを開いて、AIアプリを作り始めていきましょう。

5-2-1 Copilot Studioの開始と初期設定

まずは、Copilot Studioを開きます。下記のURLから、開いてください。

【Copilot Studio】
https://copilotstudio.microsoft.com/

初めて起動したときは、**図5-3**のように、無料試用版を開始する画面が表示されます。[国/リージョン]で[Japan]を選択して進めます。

図5-3 ［国/リージョン］の選択

状況によっては、引き続きコパイロットの作成画面が表示されることがありますが、ここではコパイロットを作成しません。その理由は、Power Platformの環境を切り替えなければならないためです。デフォルトでは既定の環境が選択されているので、これを第2章で作成した［検証環境］に切り替えます（図5-4）。

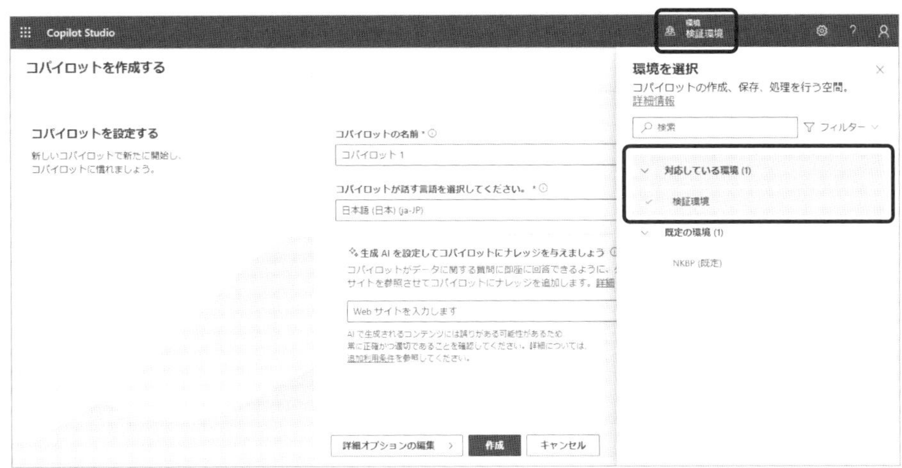

図5-4 環境を切り替える

5-2-2 コパイロットの作成

それでは、コパイロットを作成していきます。特定のサイトから情報を検索し、それを返すコパイロットは簡単に作れます。

まず例として、ユーザーと会話し、日本語版ウィキペディア（https://ja.wikipedia.org/）から情報を検索してその結果を返すコパイロットを作ります。

memo 「コパイロット」とは、作成した「ボットを構成するフロー一式」のことです。一部のドキュメントやヘルプ、設定画面などでは、「ボット」と表記されることもありますが、同じものです。

手順 コパイロットを作成する

[1] コパイロットを作り始める

［コパイロット］メニューをクリックします。すると、作成したコパイロット（ボット）の一覧が表示されます（この時点では、まだ何も作っていないので、一覧には、何もありません）。［＋新しいコパイロット］をクリックして、コパイロットの作成を始めます（**図5-5**）。

memo 繰り返しになりますが、作業する際、右上の環境が［検証環境］になっていることを確認してください（前掲の図5-4を参照）。このコパイロットはあとで改良し、結果をTeamsに投稿する仕組みを作ります。環境によってアクセスできるサービスの範囲が変わるので、Teamsが動いている環境と異なる環境でコパイロットを作ってしまうと、こうした連携ができません。

図5-5 新しいコパイロットを作り始める

[2] コパイロットを作る

何か特定のWebサイトを検索するだけのコパイロットを作るのは、とても簡単です。検索対象とするWebサイトのURLを入力するだけです。ここでは、**表5-1**、**図5-6**のように入力して作成します。

> **memo** URLとして、Wikipediaの代わりに企業案内や企業が提供するサービスのFAQなどを入力すれば、そうしたサイトから検索した結果を返すことができるので、すぐに実用的に使えます。こうして作ったコパイロットを呼び出す仕組みを、自社のホームページに組み込めば、自動応答するチャットボットとして使えます（ただし、エンドユーザーがチャットするたびに、AIクレジットが消費されるので注意してください）。なお、指定できるURLは、インターネットから到達可能なサイト——パブリックなサイト——に限られます。企業内の情報（例えば、総務の申請の方法などがまとめられたプライベートサイト）から検索できると便利ですが、そのためには認証の設定が必要です。「Microsoft Copilot Studioでユーザー認証の構成」（https://learn.microsoft.com/ja-jp/microsoft-copilot-studio/configuration-end-user-authentication）などのドキュメントを参照してください。

表5-1　コパイロットを作成するときの設定値

設定項目	設定値
コパイロットの名前	任意の名前です。ここでは「Wikipedia 検索」とします
コパイロットが話す言葉を選択してください	言語です。［日本語（日本）（ja-JP)］を選択します
生成 AI を設定してコパイロットにナレッジを与えましょう	Wikipedia 日本語版の URL である「https://ja.wikipedia.org/」を入力します

図5-6　コパイロットを作る

コラム 詳細オプション

［詳細オプションの編集］をクリックすると、動作をカスタマイズできます（**図5-7**）。例えば、アイコンの変更や音声機能の有効化などができます。

補足しておきたい機能として［レッスントピック］があります。デフォルトではチェックが付いていて、「こんにちは」などのあいさつ文に自動で応答する機能（後述のトピック）が追加されますが、オフにすると、そうした余計な機能が付かなくなります。詳細は「5-3　コパイロットをカスタマイズする」で説明します。

図5-7　詳細オプション

[3] コパイロットが作成された

コパイロットが作成されます（作成完了までに、しばらく時間がかかることがあります）（**図5-8**）。

図5-8　コパイロットが完成した

5-2-3 コパイロットの実行と共有

図5-8に示したように、コパイロットを作成すると動作テストの画面が表示されます。左側にはチャットウィンドウがあり、ここにテキストを入力するとボットが回答します。このコパイロットはナレッジとしてWikipediaのURLを指定して作成しているので、例えば「ネコについて教えてください」と入力すると、**図5-9**のように、Wikipediaから調べた回答が戻ってきます。回答の根拠となるURLも示されます。

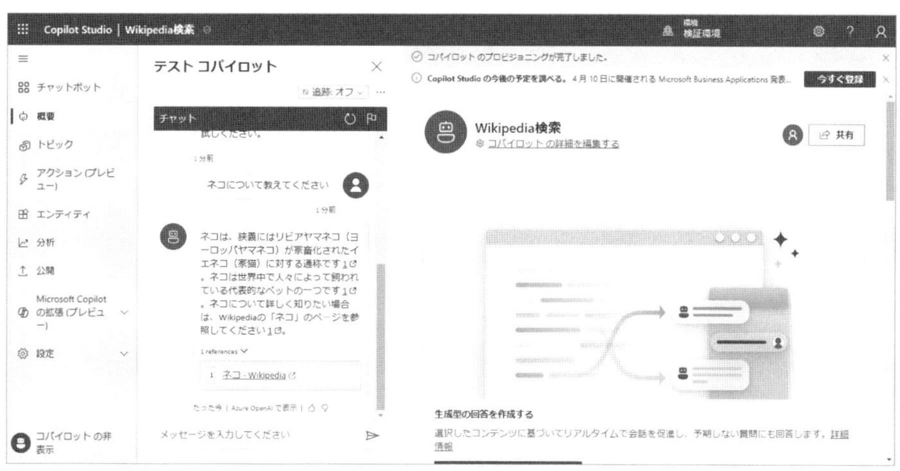

図5-9　コパイロットの実行

この状態では、作成したあなただけしか使えませんが、[共有]をクリックすると、他のユーザーも、チャットボットの一覧から見ることができ、共有して利用できるようになります。共有すると、その共有先のユーザーが[チャットボット]メニューからアクセスし、このコパイロットを利用できるようになります(**図5-10**)。より広く社内全体から利用するには[公開]の設定をします。その詳細は、「5-5 作成したコパイロットを利用する」で説明します。

図5-10　共有の設定画面

5-3 コパイロットをカスタマイズする

ここまで説明したように、特定のWebサイトを対象にしたコパイロットを作るのはとても簡単です。では、こうして作成したコパイロットをカスタマイズするには、どのようにすればよいでしょうか。カスタマイズの仕組みを見ていきましょう。

5-3-1 トピック

前述したようにCopilot Studioはもともと「Power Virtual Agents」と呼ばれており、チャットボットを作るためのサービスです。テキストが「特定のフレーズと合致したとき、こうした処理を実行する」というように、「こういう言葉のときは、こう返す」とか「こういう言葉のときは、別のサービスを呼び出す」というような処理のフローを作って、ユーザーとの対話を実現しています。

Copilot Studioという名称に変わっても、こうした基本構造は変わっていません。「特定のフレーズが含まれるときは、どうする」という条件（ほかにも「会話が始まったとき」「終わったとき」など、事象を示す条件もあります）と、そのときのフローを会話ノードとしていくつか定義し、それらに基づいて動きが決まります。こうした「この条件のときに、これを動かす」という設定のことを「トピック（Topic）」と呼びます。

「5-2-2　コパイロットの作成」の手順でコパイロットを作成したときは、いくつかのトピックがすでに作成されており、左メニューの［トピック］をクリックすると、確認できます。クリックした直後は、［トピック］タブが開いていますが、［すべて］をクリックすると、システムで定義された「システムトピック」も含め、すべてのトピックが表示されます（**図5-11**）。チャットで文字入力すると、その応答が戻ってくるのは、こうしたトピックとして定められた会話ノードに基づいています。

図5-11　トピックの一覧

トピックを確認する

図5-11のトピック一覧で、何かトピックをクリックすると、そのフローの詳細を確認できます。例えば、「あいさつ」をクリックしてみましょう。

「あいさつ」のトピックでは、**図5-12**のように、「こんにちは」と「おはようございます」という2つのフレーズが設定されています。それに続いて、「こんにちは、ご用件をお申し付けください。」という文字列を設定するMessageブロックがフローとして構成されています。

実際にチャットで、「こんにちは」や「おはようございます」と入力すると、このトピックに合致するので、フローが実行され、「こんにちは、ご用件をお申し付けください。」と返答されます。

ここで見た例のように、コパイロットは「特定のフレーズが入力されたとき、何かのフローが動く」

というのが基本動作です。「あいさつ」のトピックではMessageフローで応答を返すだけですが、別のサービスを呼び出すなど、より複雑なフローも構成できます（そのやり方は、後述します）。

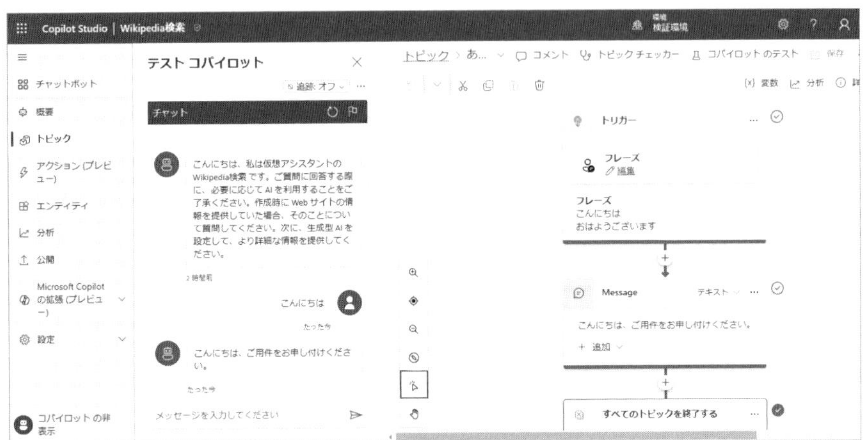

図5-12 「あいさつ」のトピック

コラム 最初のメッセージのカスタマイズ

アクセスしたときに「こんにちは、私は仮想アシスタントのWikipedia検索です。…略…」のメッセージが表示されます。これを変更したいと思う人もいるでしょう。このメッセージは、On Conversation Startトリガーに設定された「会話の開始」というトピックで設定されています。このトピックのMessageの設定を変更すれば、メッセージを変えられます（**図5-13**）。

図5-13 「会話の開始」のトピックのMessageを変更する

生成AIのトピック

では、Wikipediaの検索は、どのようになっているのでしょうか？　この動きは、On Unknown Intentというトリガーに設定された「Conversational boostingトピック」で定義されています（**図5-14**）。

memo　トリガーとは、イベント（事象）の発端となる、「きっかけ」のことです。

図5-14　Conversational boostingトピック

クリックして会話ノードを確認すると、**図5-15**のように「生成型の回答を作成する」というフローが含まれていることがわかります。このフローによって、生成AIによって回答が作られ、その結果が回答として返されるようになっているのです。

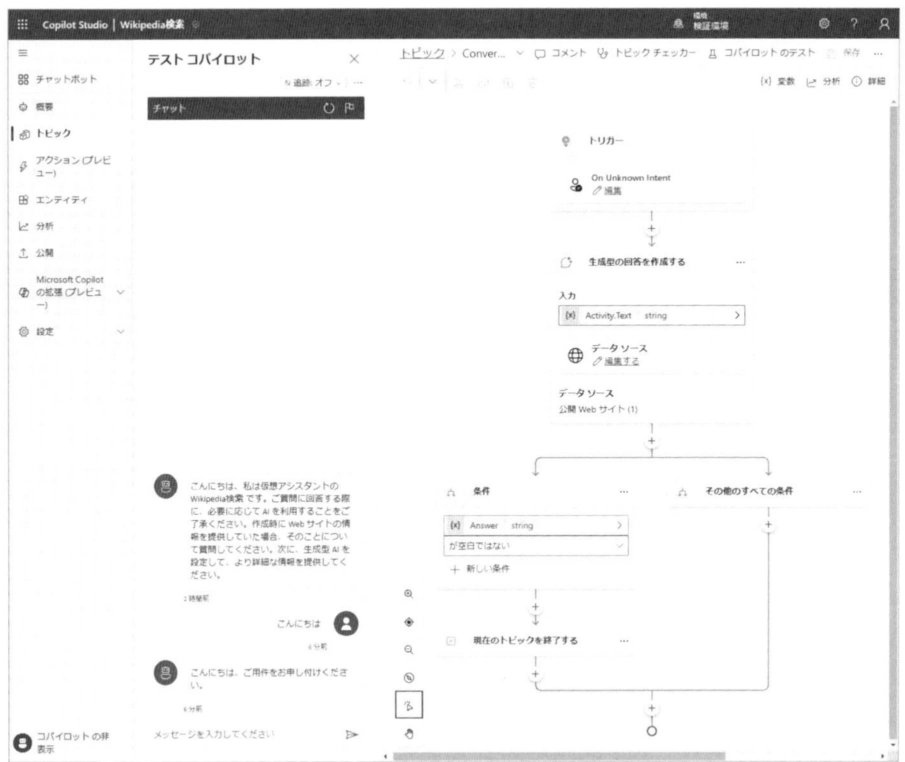

図5-15 Conversational boostingには生成AIの呼び出しがある

Conversational boostingトピックにひも付けられている「On Unknown Intent」は、「どのトピックにも引っかからなかったとき」に実行されます。つまり、どのトピックにも引っかからなかったときに限って、生成AIを呼び出すフローが実行されます。

先ほど、作られたコパイロットには、「こんにちは」や「おはようございます」に対応する「あいさつ」のトピックが存在すると説明しました。コパイロットによって、このトピックに合致すると判断されたときは、生成AIのフローは通らず、「あいさつ」のトピックが実行されます。

このことから、もし生成AI以外の会話を定義したいのであれば、この「あいさつ」のように、何か特定のフレーズに対して反応するトピックを作ればよいということがわかります。

memo どのトピックが実行されるのかは、フレーズの強さによります。「こんにちは」や「おはようございます」という語句が含まれていても、「あいさつ」のトピックを必ずしも通るとは限りません。例えば、「こんにちは。猫について教えてください。」というフレーズは、「あいさつ」のトピックではなく、Conversational boostingトピックを通ります。

memo トピックに結びついている特定のフレーズのことを「トリガーフレーズ」と言います。

5-3-2 任意のドキュメントを検索対象にする

ここまでWikipediaを検索対象としましたが、任意のドキュメントをアップロードし、それを検索の対象にすることもできます。次の手順で操作します。

手順 任意のドキュメントを検索対象にする

[1] 生成AIの設定画面を開く

コパイロットを開いた状態で、左メニューから［生成AI］をクリックします（**図5-16**）。

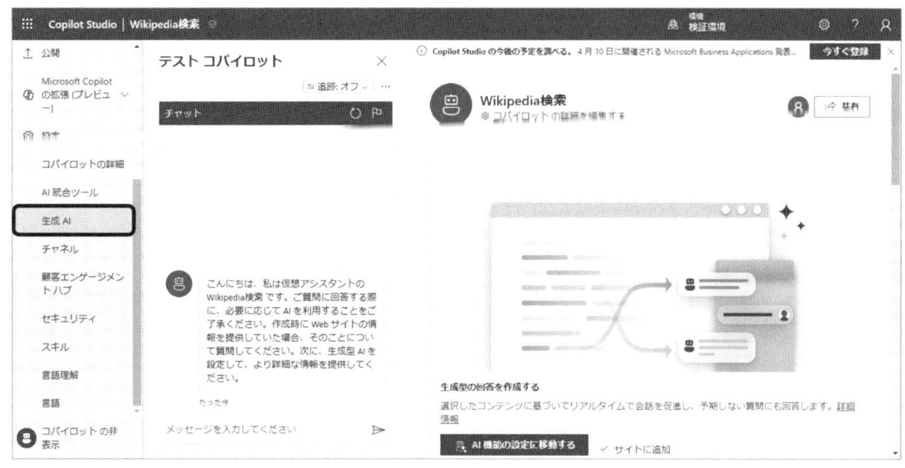

図5-16 生成AIの設定画面を開く

[2] 公開Webサイトの設定を解除する

現在、WebサイトとしてWikipediaが設定されているので、［削除］をクリックして、解除します（**図5-17**）。

memo この設定画面と、**図5-15**に示した「生成型の回答を作成する」アクションのプロパティは、連動しています。**図5-15**のプロパティから編集しても、結果は同じです。

図5-17 Wikipediaからの検索を解除する

[3] ドキュメントをアップロードする

ドキュメントのアップロードの部分に、対象としたいファイルをドラッグ&ドロップして保存します。ここに登録したファイルはDataverseに保存され、誰もがアクセスできるようになるので注意してください。

memo 対応するファイルはテキストをはじめ、WordやExcel、PowerPoint、PDFなどです。詳細は、「サポートドキュメントの種類」(https://learn.microsoft.com/ja-jp/microsoft-copilot-studio/nlu-documents#supported-document-types)を参照してください。

実務で使うのであれば、社内の内規集や申請手続きなどが書かれたテキストをアップロードすればよいでしょうが、ここでは、例として、政府CIOポータルが公開している標準ガイドライン(https://cio.go.jp/guides/index.html)の「行政手続におけるオンラインによる本人確認の手法に関するガイドライン」(https://cio.go.jp/sites/default/files/uploads/documents/hyoujun_guideline_honninkakunin_20190225.docx)を使うことにします(**図5-18**)。

このドキュメントは全66ページあり、本人確認の際の方法、リスク、保証レベルなど、難しいことがたくさん書かれているので、生成AIを使った資料検索の例として適切です。ファイルをアップロードすると、インデックス化などの処理が始まります(**図5-19**)。左上の[保存]をクリックすると、変更が保存されます。

memo 「行政手続におけるオンラインによる本人確認の手法に関するガイドライン」は一例です。性能を確認するために、適度な分量のドキュメントを用意するとよいでしょう。最近では、政府や自治体のオープンデータ化が進んでおり、こうしたデータを探しやすくなりました。例えば、「ゴミ分別のExcel形式ファイル」などをアップロードすれば、「電池は、どのように捨てますか？」などに答えられるようになります。

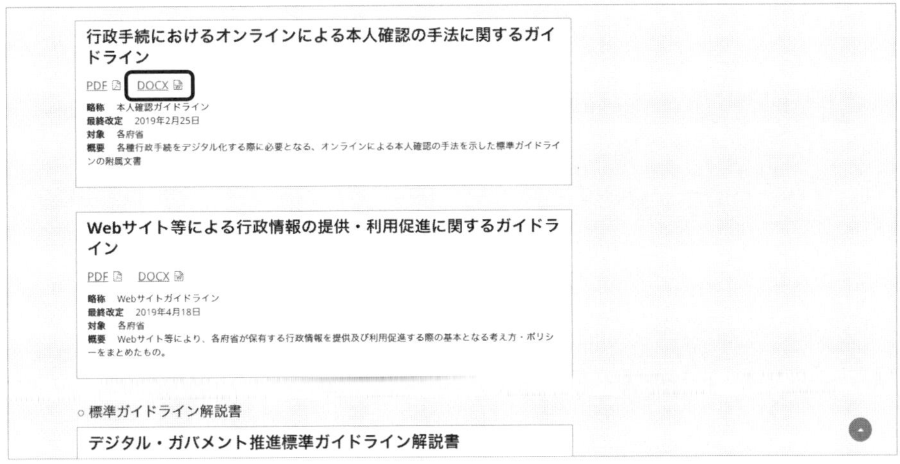

図5-18 「行政手続におけるオンラインによる本人確認の手法に関するガイドライン」をダウンロードする

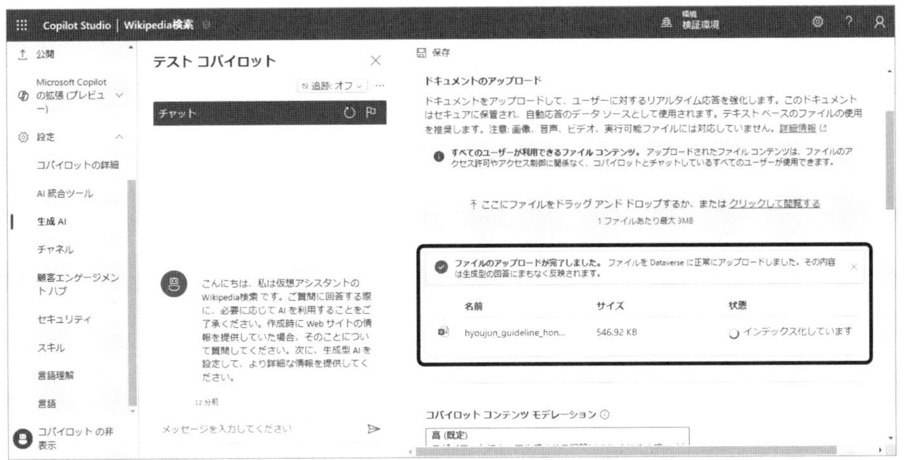

図5-19 アップロードしたところ

[4] 適用されたかを確認する

何度かブラウザーを再読み込みし、**図5-19**の［状態］の項目が［準備完了］になったことを確認します。

［準備完了］になれば、アップロードした資料の検索ができるようになります。例えば、アップロードした「行政手続におけるオンラインによる本人確認の手法に関するガイドライン」に記載されていそうな、「身元確認保証レベルは、どのようなものですか」と聞いてみると、**図5-20**のような回答が戻ってきます。

もちろんチャットなので、さらに、それぞれの身元確認レベルについて聞いたり、注意点を聞いたりなどもできます。実用的な精度で使える感触です。

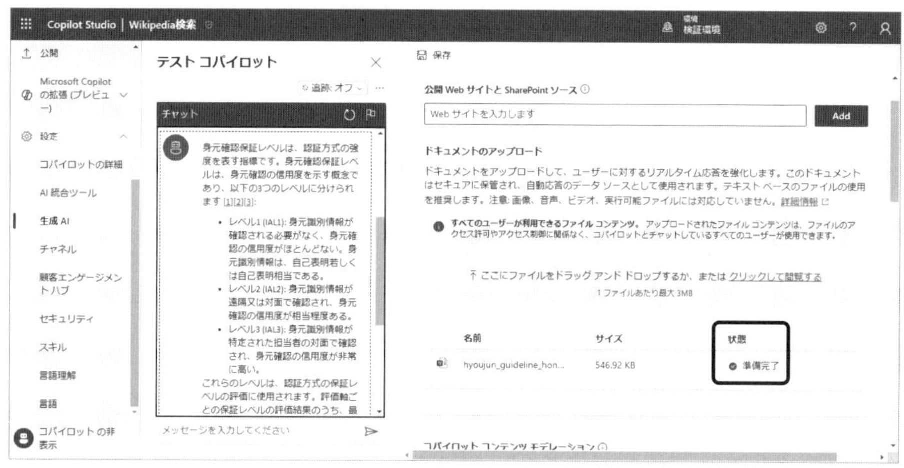

図5-20　ドキュメントに含まれる質問をしたところ

コラム　SharePointサイトを検索対象にする

今回はアップロードしたドキュメントを検索対象としましたが、SharePointサイトを検索対象にすることもできます。つまり、あらかじめ検索対象のコンテンツをSharePointサイトとして用意しておいて、そこから検索させるようにもできます。その場合は、URLとしてSharePointのアドレスを設定します。

ただし、本書執筆時点では、手動でユーザー認証を設定しないと動きません。

> **【生成型の回答に SharePoint または OneDrive for Business のコンテンツを使用する】**
> https://learn.microsoft.com/ja-jp/microsoft-copilot-studio/nlu-generative-answers-sharepoint-onedrive

5-4 Power Automateと組み合わせてカスタムなフローを作る

Copilot Studioでは、単純に回答を返すだけでなく、会話ノード中にカスタムな処理を実行することもできます。例えば、ユーザーが会話した結果を基にドキュメントを自動生成したり、メールを自動送信したりするなど、作業を代行する、いわゆるエージェントとして振る舞えるようになります。

ここではそうした例として、生成AIの結果が役に立ったかどうかを集計する機能を追加してみます。

デフォルトの会話ノードでは、生成AIを実行し、その回答を出力して終わりです。その会話ノードを改良し、生成AIの回答のあとに「役に立ちましたか？」と表示し、[はい]または[いいえ]を入力してもらいます。その回答をSharePointリストに登録して一覧管理できるようにします。この一覧を見れば、ユーザーが、どんな会話をしていて、そのうち、何が役立っているのかという傾向がわかります（**図5-21**）。

memo ユーザーの会話を記録することは、コンプライアンス上、問題になる可能性もあります。運用時には、注意してください。

memo SharePointリストとは、Excelのように表形式でデータを扱える、Microsoft 365の機能です。

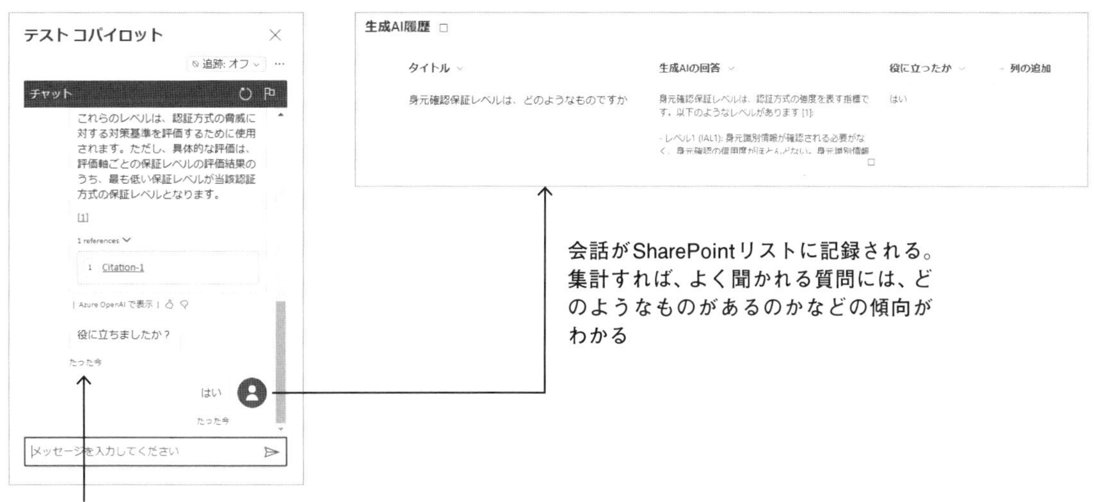

図5-21　カスタムなフローの例

これを実現するには、Copilot StudioとPower Automateとを組み合わせます。

Copilot Studioでは、フローの一部としてPower Automateを呼び出すことができます。そこで、SharePointリストに登録するフローを作っておき、Copilot Studioからは、それを呼び出すことで回答を記録します（図5-22）。

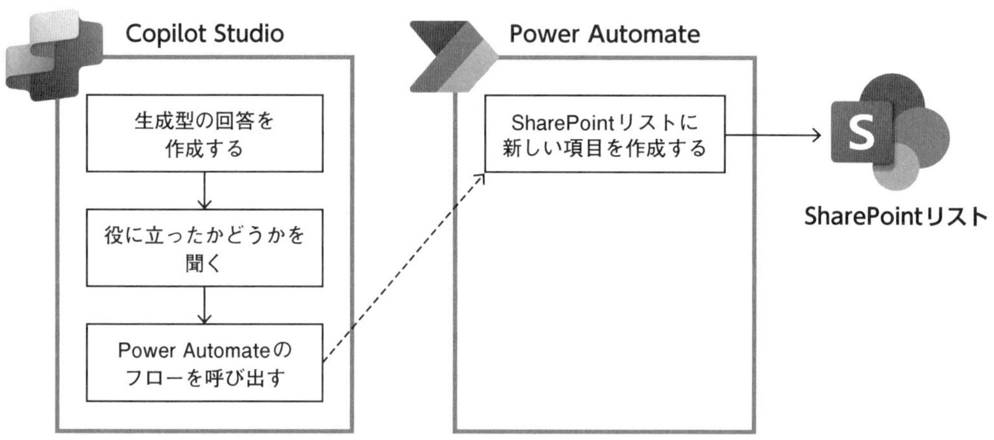

図5-22　Copilot StudioからPower Automateのフローを呼び出す

5-4-1　SharePointリストを作る

まずは、記録を保存するためのSharePointリストを作成します。

手順 SharePointリストを作る

[1] 新規リストを作る

SharePointを開き、第2章で作成した「検証用サイト」を開きます。［＋新規］メニューをクリックし、［リスト］を選択します（図5-23）。

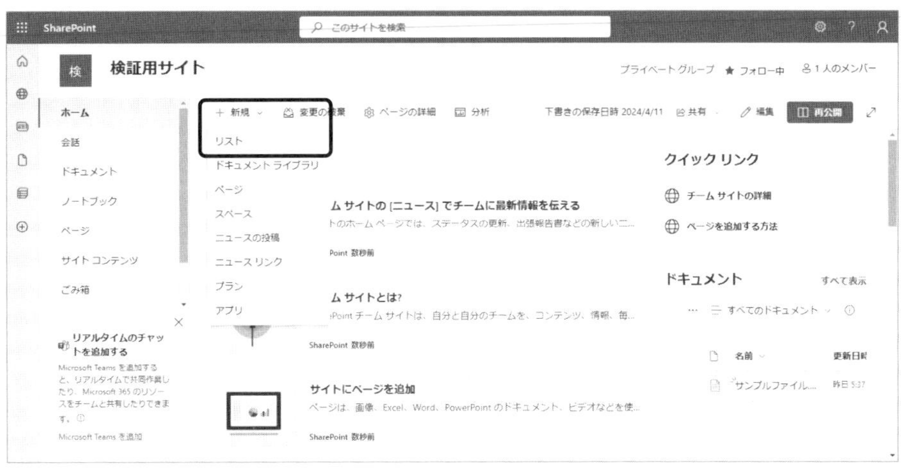

図5-23　新規リストを作る

[2] 空白のリストを作る

［空白のリスト］をクリックします（**図5-24**）。

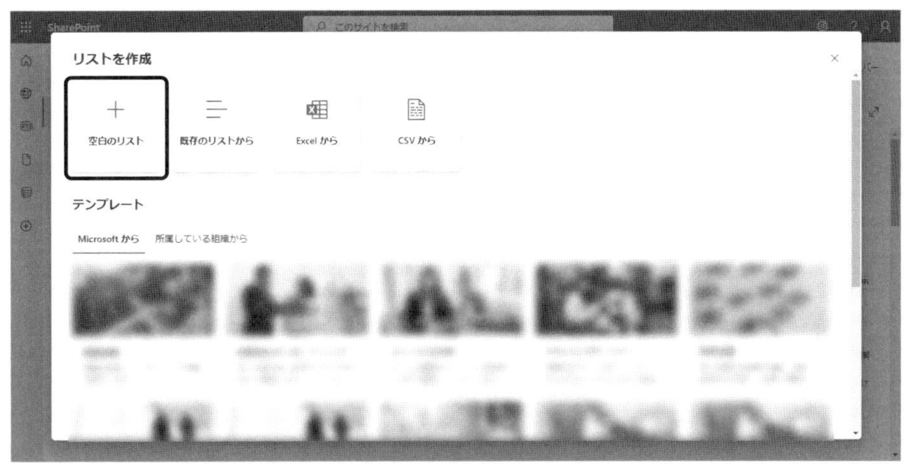

図5-24　空白のリストを作る

[3] リスト名を設定する

リスト名を入力します。ここでは、「生成AI履歴」という名前にします（**図5-25**）。

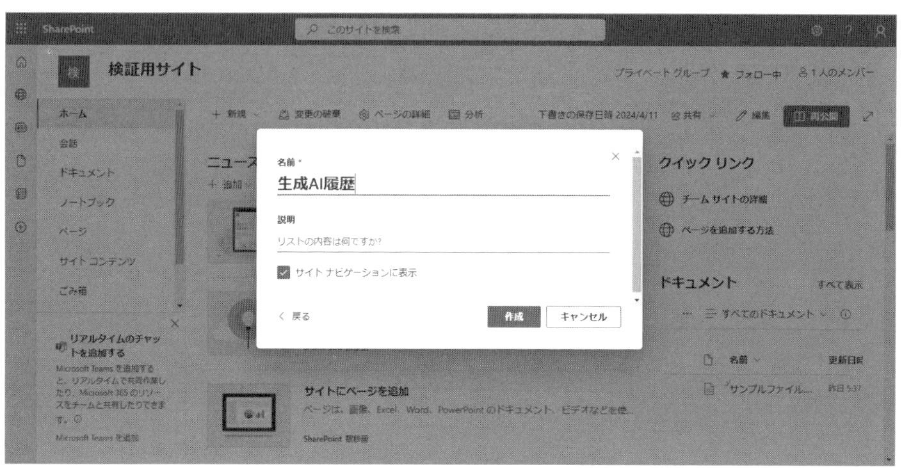

図5-25　生成AI履歴という名前でリストを作る

[4] 列を追加する

デフォルトでは、「タイトル」という列だけが存在します。タイトルには、「ユーザーが入力した質問文」を入れることにして、「生成AIの回答」と「役に立ったか」の2つの入力項目に相当する列を追加します。

［列の追加］をクリックして列を追加します（**図5-26**）。

図5-26　列を追加する

列の書式（型）を選択します。文字列を格納したいので、［テキスト］を選択して［次へ］をクリックします（**図5-27**）。

図5-27　テキスト列として作成する

列名など、基本的な情報を入力します。ここでは「生成AIの回答」とし、種類は［複数行テキスト］として、保存します（**図5-28**）。

図5-28　「生成AIの回答」の列を作る

同様の操作をして「役に立ったか」も登録します。こちらは「1行テキスト」とします（**図5-29**）。

memo 「役に立ったか」は[はい]か[いいえ]のいずれかなので、[選択肢]として作る方法もあります。しかしそうすると、アクションのロジックで型の変換をする必要があり、少し複雑になります。そこでここでは、「1行テキスト」として構成します。

図5-29 「役に立ったか」の列を作る

以上で、「タイトル」「生成AIの回答」「役に立ったか」の3つの列を持つ、「生成AI履歴」というSharePointリストが作成されました（**図5-30**）。

図5-30 「生成AI履歴」という名前のSharePointリストが生成された

5-4-2 ユーザーに「役に立ちましたか？」と聞く

次に、このSharePointリストに生成AIの利用履歴を記録できるよう、フローを修正していきます。まずは、ユーザーに「役に立ちましたか？」と聞き、［はい］／［いいえ］で答えられるインターフェースを作ります。

手順 ユーザーに「役に立ちましたか？」と聞く

[1] On Unknown Intentトリガーのトピックを開く

On Unknown Intentトリガーにひも付いているConversational boostingをクリックして開きます（図5-31）。

図5-31 On Unknown Intentトリガーのトピックを開く

[2]「質問する」アクションを追加する

会話ノードが表示されます。検索結果を表示したあと、「役に立ちましたか？」と聞くアクションを追加します。すでにある［条件］の下の［＋］をクリックし、「質問する」を追加します（図5-32）。

図5-32 「質問する」アクションを追加する

[3] 質問を設定する

すると、Questionアクションが追加されます。まずは、ユーザーに表示するメッセージとして「役に立ちましたか？」という文字列を入力します（図5-33）。

図5-33 メッセージ「役に立ちましたか？」を設定する

[4] 選択肢を設定する

［ユーザーのオプション］で［＋新しいオプション］をクリックし、選択肢として［はい］と［いいえ］を追加します（図5-34）。

図5-34　[はい] と [いいえ] の選択肢を追加する

[5] 保存する変数名を変更する

デフォルトでは「Var1」という変数名でわかりにくいので、クリックして別の変数名に変更します。ここでは「Helpful」という名前に変更します（**図5-35**）。

図5-35　変数名を変更する

[6] 動作を確認する

いったん［保存］をクリックし、このトピックを保存して動作を確認します。

何か会話をして生成AIが呼び出されると、その回答のあとに「役に立ちましたか？ はい／いいえ」のメッセージが表示されることがわかります（図5-36）。

> **memo** このメッセージは、On Unknown Intentトリガーのフローで表示していますから、「こんにちは」などと入力して、「あいさつ」のフローが流れたときは、もちろん、表示されません。

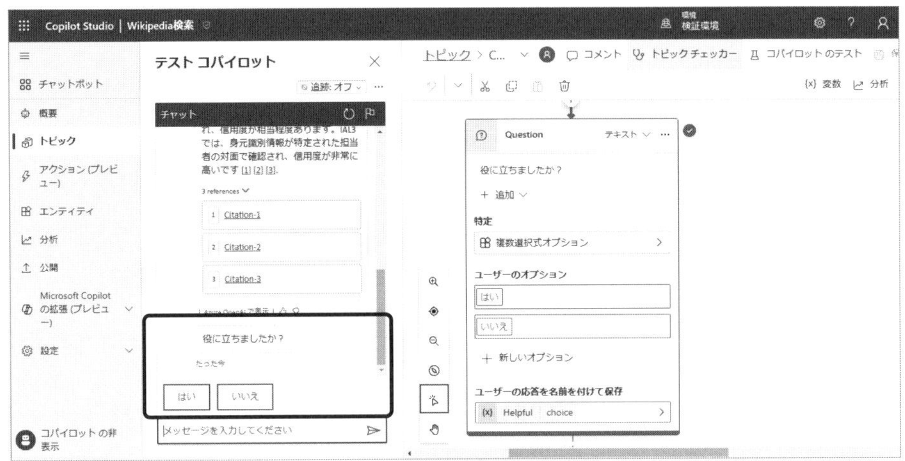

図5-36　役に立ったかを聞かれるようになった

5-4-3　Power Automateのフローを呼び出す

続いて、「生成AIの結果」と「役に立ったかどうか」をSharePointリストに追加する処理を記述します。これはPower Automateのフローとして作ります。

手順　SharePointリストに記録する処理を実装する

[1] フローの呼び出しを追加する

ここまでの流れでは、Questionアクションを追加し、選択肢として［はい］と［いいえ］を設定したので、その下には［はい］/［いいえ］に相当する条件分岐のアクションが追加され、図5-37のようになっています。

SharePointリストに記録する処理は、どちらの条件のときにも実行したいので、ここでは、どの条件のときも通過する［+］の箇所をクリックし、［アクションを呼び出す］―［フローの作成］を選択します（図5-38）。

memo ［フローの作成］の解説として表示されている「Microsoft Flow」とは、「Power Automate」の旧称です。

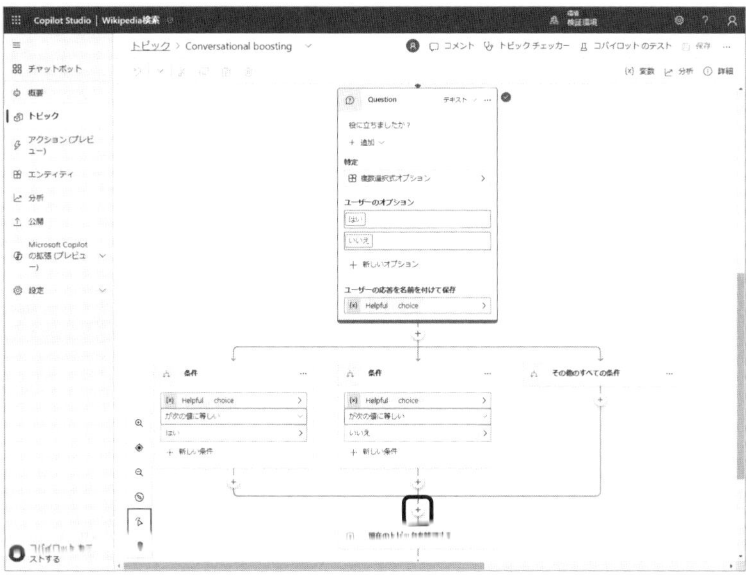

図5-37　どの条件のときにも通過する［+］の箇所をクリックする

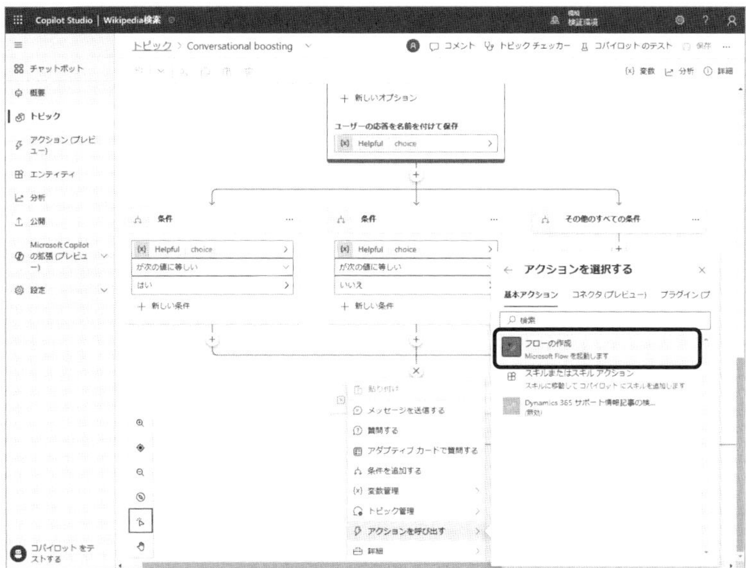

図5-38　フローを作成する

[2] 入力パラメータを追加する

Power Automateが別ウィンドウ（別タブ）で開き、フローが作られます。ここにSharePointリストに情報を登録するフローを作っていきます。

まずは、Copilot Studio側（画面上では旧称の「Power Virtual Agents」と表示されています）から、受け取りたいパラメーターを「入力」として設定します。ここでは「ユーザーが入力したテキスト」「生成AIが出力したメッセージ」「役に立ったかどうか」の3つのパラメーターを受け取るように作ります。

(1) ユーザーが入力したテキスト

［＋入力の追加］をクリックして、入力を追加します（**図5-39**）。

図5-39　入力を追加する

すると、入力の型が聞かれるので、［テキスト］をクリックします（**図5-40**）。入力パラメーターが作られたら、パラメーター名を設定します。ここでは「usertext」という名前にします（**図5-41**）。

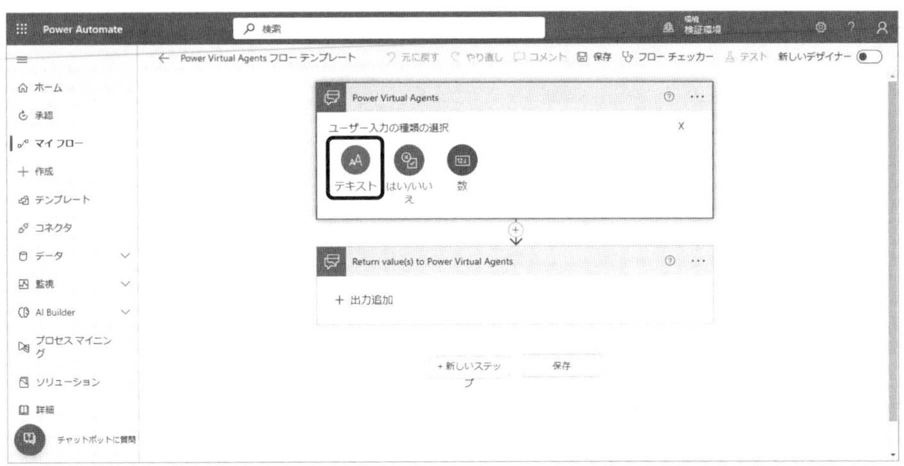

図5-40　型として［テキスト］を選択する

図5-41　パラメーター名を設定する

(2) 生成AIが出力したメッセージ

同様の操作で、「生成AIが出力したメッセージ」に相当する入力として、「generatetext」という名前の入力パラメーターを作成します（**図5-42**）。

(3) 役に立ったか

同様の操作で、「役に立ったか」に相当する入力として、「helpful」という名前の入力パラメーターを作成します（**図5-42**）。

図5-42 generatetextパラメーターとhelpfulパラメーターを追加したところ

[3] SharePointに項目を作成するフローを作る

ユーザーが入力したテキストに相当する「usertext」、生成AIが出力したメッセージに相当する「generatetext」、役に立ったかを示す「helpful」には、あとの操作でCopilot Studioから値を設定するのですが、ここでは、そうした値が設定されていることを前提に、これらの値をSharePointリストに対して新規項目として作成するフローを作ります。

(1) アクションを追加する

まずは、[+] — [アクションの追加] をクリックして、アクションを追加します (図5-43)。

図5-43 アクションの追加

SharePointリストに登録するには、SharePointの［項目の作成］アクションを使います。「項目の作成」と入力すると見つかるので、それを選択します（**図5-44**）。

memo　ここでは「項目の作成」を検索するやり方をしていますが、まず、SharePointをクリックして選択し、そこから目的の「項目の作成」を探していくやり方でもかまいません。

図5-44　［項目の作成］アクションを追加する

(2) 対象のSharePointサイトとリストを設定する

対象のSharePointサイトとリストを設定します。「5-4-1 SharePointリストを作る」で作成したSharePointリストである「生成AI履歴」を選択します（**図5-45**）。

図5-45　SharePointサイトとリストを選択する

(3) 列に登録する値を設定する

選んだリストに含まれる列名の一覧が表示されるので、それぞれの列名をクリックして、設定値を決めます（**図5-46**）。列名をクリックすると選択肢が表示されるので、［Power Virtual Agents］にある入力パラメーターのusertext、generatetext、helpfulをそれぞれ設定します（**図5-47**）。設定したら［保存］ボタンをクリックします。

memo Power Virtual Agentsは、Copilot Studioの旧称です。

図5-46　列に設定したい項目を入力パラメーターから選ぶ

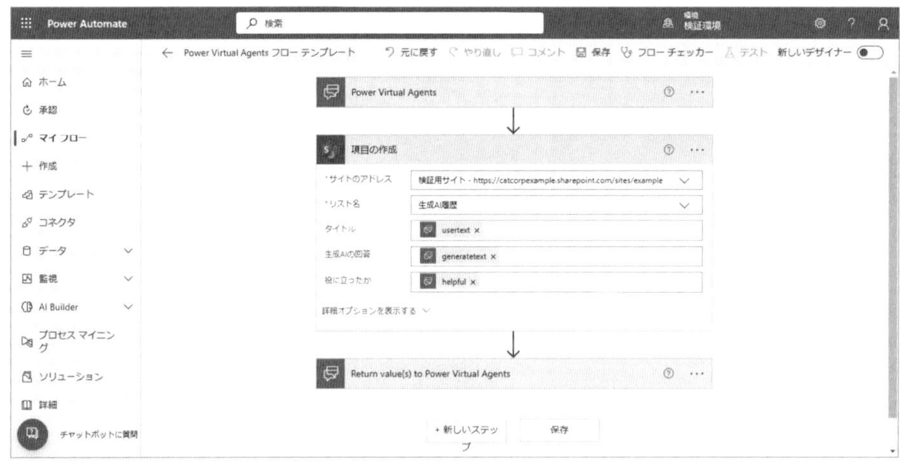

図5-47　すべての列を設定し終えたところ

コラム　編集画面が違う

Copilot StudioからPower Automateを開いた場合、第4章で説明したPower Automateの画面と、少し違うのに気づいたかもしれません。これは、古いデザイナー画面であるのが理由です。右上の［新しいデザイナー］をクリックすると、第3章と同じく、新しいデザイナーに切り替わります（**図5-48**）。どちらのUIで操作しても、同じです。

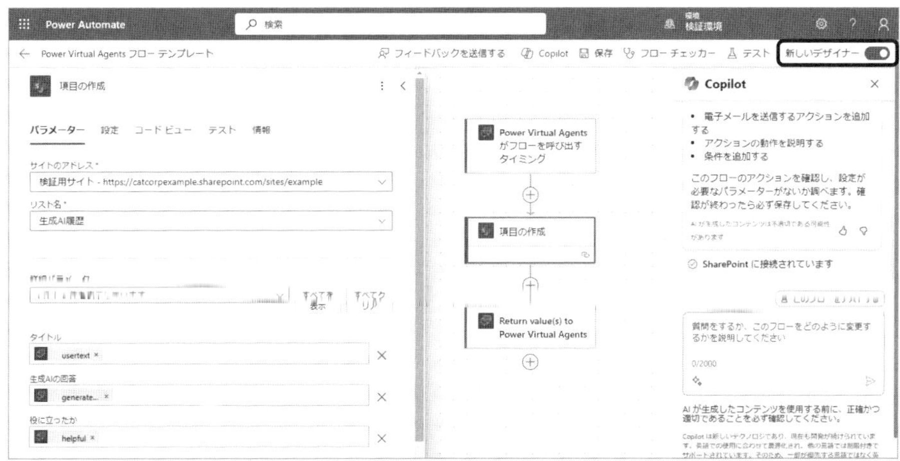

図5-48　新しいデザイナーに切り替えたところ

[4] パラメーターを設定する

Power Automateで保存したら、Copilot Studioの編集画面に戻ってください。Power Automate側のフローで入力パラメーターとして構成した項目を設定する欄が現れるので、それぞれに渡すべき値を入力します（**図5-49**）。

図5-49　パラメータを設定する

設定すべき値は、**表5-2**の通りです。

表5-2　パラメータとして設定すべき値

パラメータ名	解説
usertext	ユーザーが入力したテキストです。Power Automate のフローでは、タイトル列に保存するように作っています。ユーザーが入力したテキストは、Activity.Text として取得できます
generatetext	生成 AI の回答です。Power Automate のフローでは、生成 AI の回答列に保存するように作っています。生成 AI の回答は、Answer 変数に格納されており、この値を利用できます
helpful	役に立ったかどうかを示す［はい］もしくは［いいえ］の回答です。この回答は、「5-4-2　ユーザーに役に立ちましたか？と聞く」のフローで作成したように、Helpful 変数として設定しています（図 5-35 を参照）。この Helpful 変数の値を使えばよいのですが、この値は「選択型」であるのに対し、helpful パラメーターは「テキスト型」なので、そのまま代入するとエラーになります。そこで、Text 関数を使ってテキストに変換します。式で変数を参照するときは「Topic. 変数名」と記述します。すなわち、「Text(Topic.Helpful)」と入力します

表5-2に示した値を**図5-49**に設定していけばよいのですが、1点、問題があります。それは、usertextの値として設定するActivity.Textです。Acivity.Textには、ユーザーが直前に入力したテキストが格納されています。このフローでは、直前に「役に立ちましたか？」と聞いて、そこで［はい］または［いいえ］と返信しています。そのため、Activity.Textは、ここで答えた［はい］または［いいえ］が格納されており、最初に入力した質問は上書きされて消えてしまっています（**図5-50**）。そこで、［はい］［いいえ］を聞く前に、Activity.Textの内容を別の変数に保存しておく必要があります。

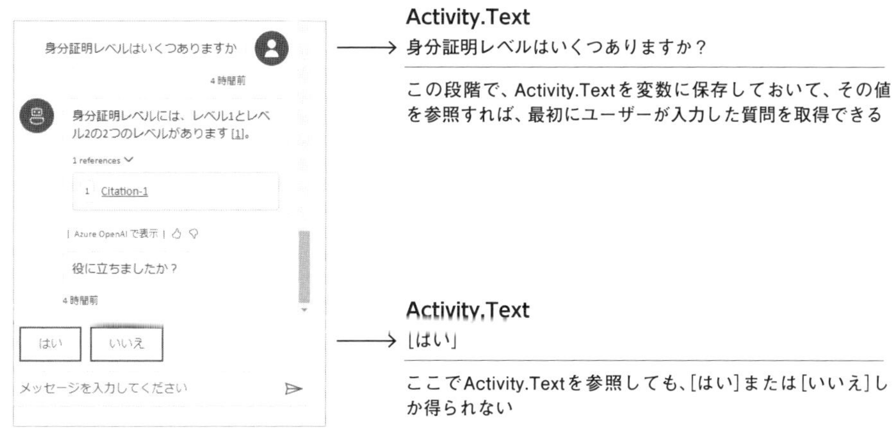

図5-50　Activity.Textが上書きされる

この問題を踏まえて、次のように設定します。

(1) 変数値を設定する

トリガーの直後の［＋］をクリックして、［変数管理］—［変数値を設定する］を選択します（**図5-51**）。

図5-51　変数値を設定する

「変数値を設定する」のアクションが追加されたら、［設定する変数］をクリックします。［新しい変数を作成する］をクリックして新しく変数を作ります（**図5-52**）。すると、「Var1」（連番であるため、Var1ではなくVar2、Var3のようになることもあります）という変数が作られます。

これだとわかりにくいので、変数名を「InputText」に変更します。変数名を変更するには、「Var1」と書かれている部分をクリックします。すると、プロパティが表示されるので、そこから変更できます（**図5-53**）。

図5-52　新しい変数を作成する

図5-53　変数名を変更する

続いて、値を設定します。［設定する値］をクリックし、［システム］タブにある［Activity.Text］を選択します（図5-54）。

図5-54　Activity.Textを設定する

(2)Power Platformのフローに渡す値を設定する

続いて、Power Platformのフローに渡す「usertext」「generatetext」「helpful」を設定していきます。

・usertext

先ほど保存しておいた「InputText」を指定します。［カスタム］タブにあります（**図5-55**）。

図5-55 usertextの設定

・generatetext

［カスタム］の項目にある「Answer」を設定します（**図5-56**）。

図5-56 generatetextの設定

・helpful

Helpful変数を設定しますが、型が違うため、［カスタム］タブから選択するとエラーになります。［計算式］タブから、「Text(Topic.Helpful)」のように、Text関数を使って、テキストに変換したものを渡します（**図5-57**）。

memo 変数には、コパイロット（ボット）全体で使えるグローバル変数と、該当のトピックだけで使えるトピック変数があります。グローバル変数のときは、「Global.変数名」、トピック変数の場合は「Topic.変数名」のように記述します。

memo 計算式には、Power Fxで定義されている式を利用できます（https://learn.microsoft.com/ja-jp/power-platform/power-fx/overview）。

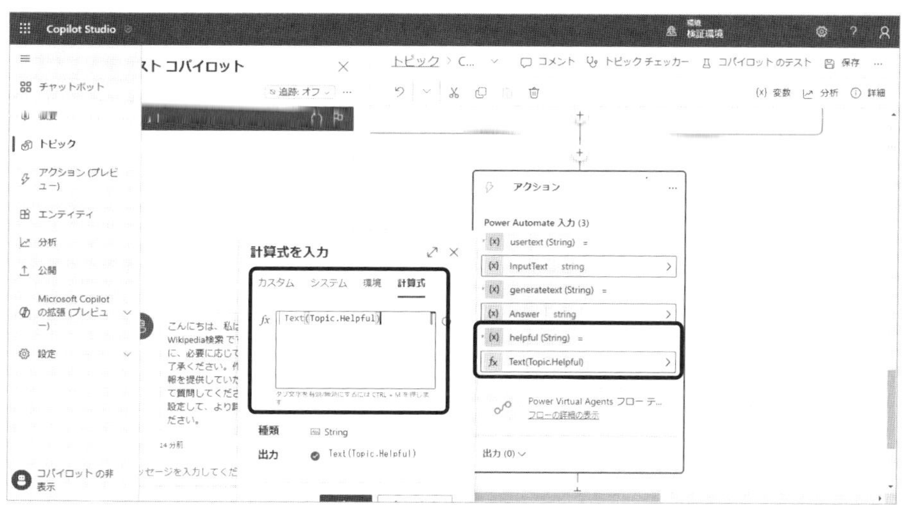

図5-57　helpfulの設定

5-4-4　動作の確認

以上で、トピックの変更は完了です。［保存］ボタンをクリックします。

動作を確認します。チャット欄に質問をして、生成AIの回答を得ます（**図5-58**）。［はい］［いいえ］が尋ねられ、どちらの場合も、SharePointリストに、その項目が登録されます（**図5-59**）。

図5-58　チャット欄で質問したところ

図5-59　SharePointリストに登録された

5-5 作成したコパイロットを利用する

さて、このように作成したコパイロットですが、「公開」という操作をしないと、他の人が利用できません。

ここでは、公開して、Power AppsやTeamsなどから利用できるようにする方法を説明します。

5-5-1 公開する

コパイロットを利用可能にするには、公開操作をします。左側の［公開］メニューをクリックすると、［公開］ボタンが表示されるので、このボタンをクリックします。確認メッセージが表示されたら、［公開］をクリックすると、コパイロットが公開されます（**図5-60、図5-61**）。

「公開したコパイロットの準備ができました」と表示されたら、このコパイロットを利用できます。デフォルトでは、TeamsもしくはPower Appsからのみ利用できる認証設定がされています。認証設定を変更する方法については、「5-5-4　その他のサービスと組み合わせて利用する」で説明します。なお、公開後にコパイロットを編集して更新したときは、再度、公開操作をしないと反映されないので注意してください。

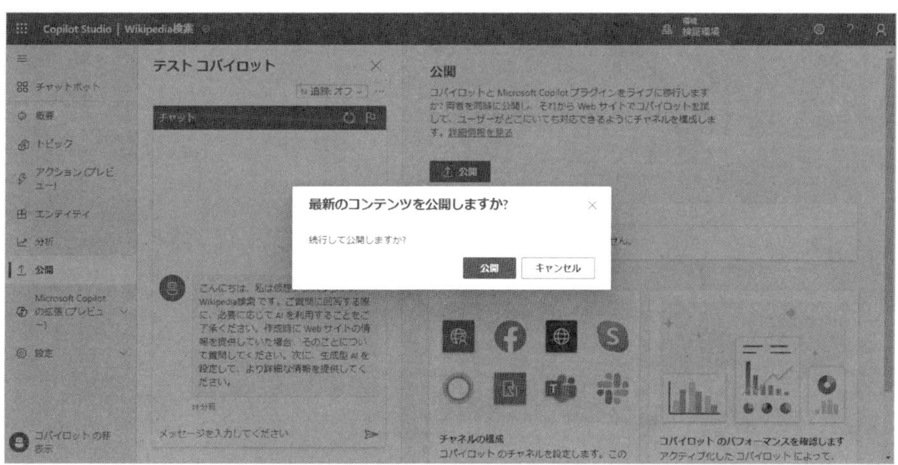

図5-60　公開する

図5-61　コパイロットが公開された

5-5-2 Power Appsにコパイロットを埋め込む

まずは、Power Appsにコパイロットを埋め込んでみましょう。簡単なキャンバスアプリを作って、そこに埋め込みます。

手順 Power Appsにコパイロットを埋め込む

[1] 空のアプリを作る

Power Appsを開き、[＋作成] メニューをクリックします。[空のアプリ] をクリックして、空のアプリを作ります（図5-62）。

図5-62　空のアプリを作る

[2] 空のキャンバスアプリを作る

[空のキャンバスアプリ] の [作成] をクリックします (図5-63)。

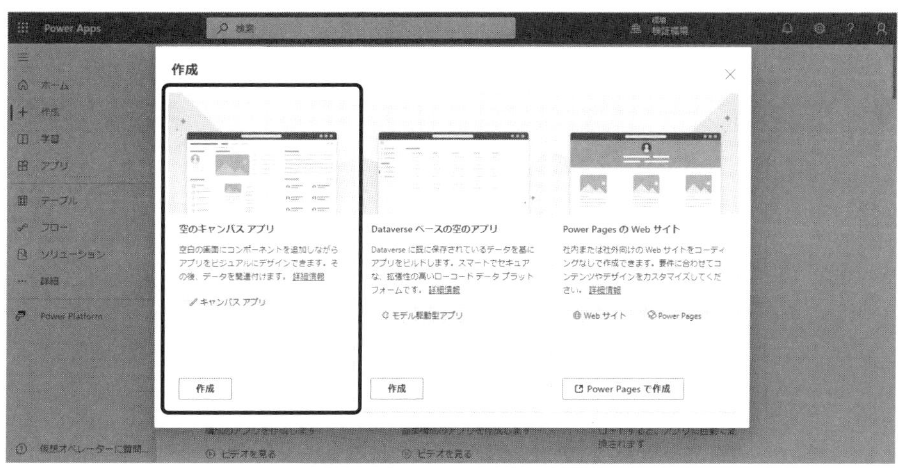

図5-63　空のキャンバスアプリを作る

[3] アプリ名を設定する

アプリ名を入力し、[作成] をクリックします。ここでは、「コパイロットのテスト」と入力します (図5-64)。

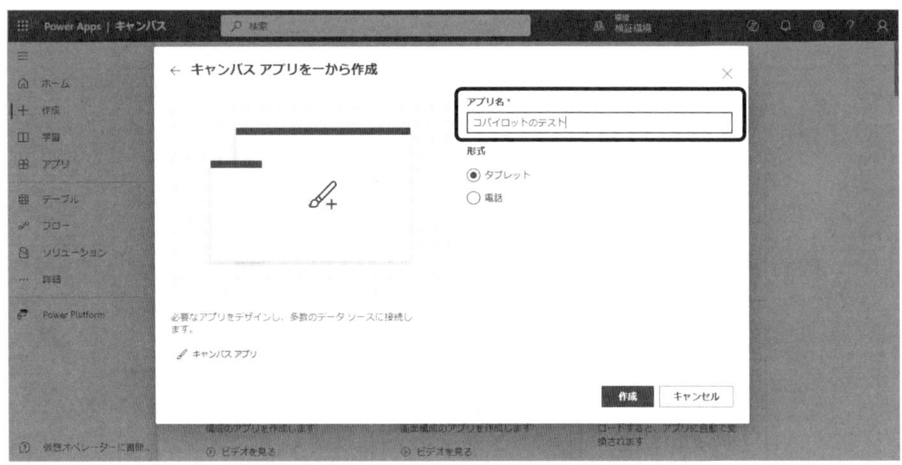

図5-64　アプリ名を設定する

[4] チャットボットを追加する

左メニューの［＋］（挿入）ボタンをクリックし、［チャットボット］を選択します。すると、フォームにチャットボットが追加されます（**図5-65**）。チャットボットを追加すると、公開済みのコパイロット一覧が表示されるので、公開しておいた「Wikipedia検索」のコパイロットを選択します。

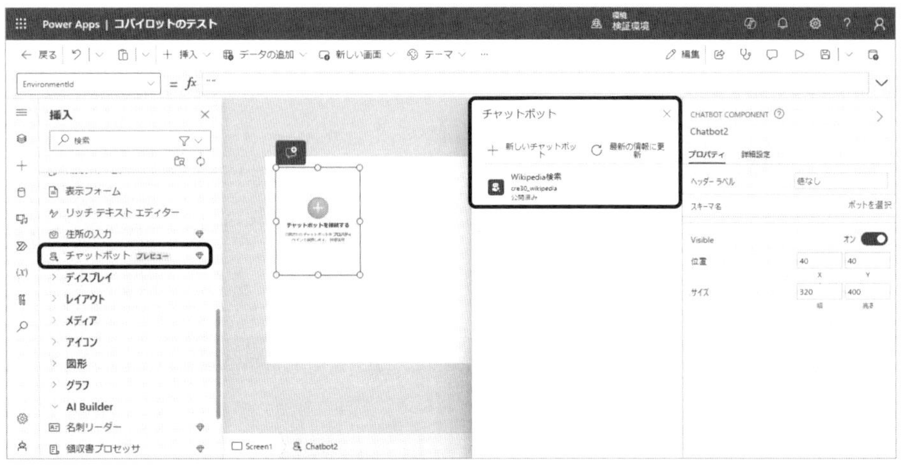

図5-65　チャットボットを追加する

[5] コパイロットが埋め込まれた

コパイロットが埋め込まれました（**図5-66**）。必要に応じて、辺をドラッグして大きさを調整してください。このまま［▷］（実行）ボタンをクリックすると、このアプリを実行して、使うことができます（**図5-67**）。

図5-66　コパイロットが埋め込まれた

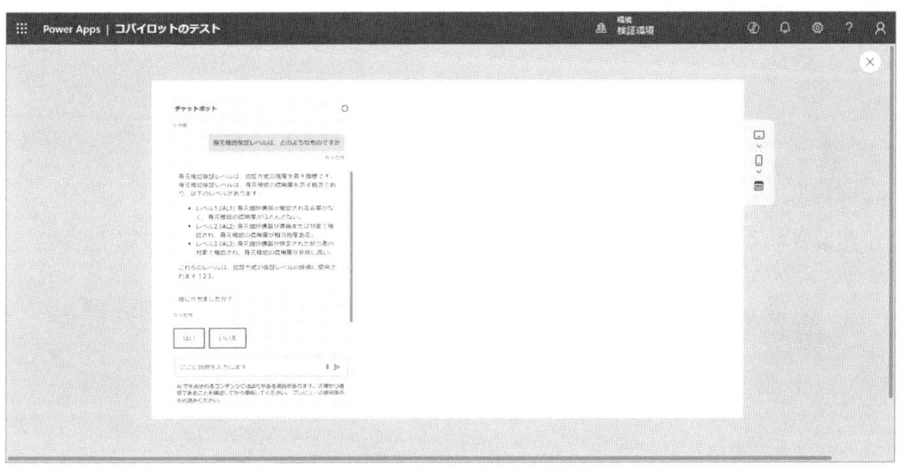

図5-67　実行したところ

このようにPower Appsに埋め込めば、皆がブラウザーで利用できるようになります。もちろん、コパイロット以外のボタンなどのコントロールを、この画面に追加して、カスタムすることもできます。

5-5-3 Teamsにコパイロットを埋め込む

似たような操作で、Teamsにコパイロットを埋め込むこともできます。

手順 Teamsにコパイロットを埋め込む

[1] チャネルを構成する

Teamsのチャネルを構成します。[設定] ― [チャネル] メニューをクリックしてチャネル設定画面を開き、[Microsoft Teams] をクリックします (図5-68)。

図5-68 チャネルの設定

[2] Teamsを有効にする

説明画面が表示されるので、[Teamsを有効にする] をクリックします (図5-69)。

図5-69 Teamsを有効にする

[3] Teamsにコパイロットを追加する

Teamsチャネルが追加されると、**図5-70**の画面が表示されます。

［ボットを開く］をクリックすると、Teamsに遷移し、インストール画面が表示されます。この画面で［追加］をクリックすると、Teamsにこのコパイロットが追加されます（**図5-71**）。

追加されると、Teams上で、このコパイロットと会話できるようになります（**図5-72**）。

図5-70　Teamsチャネルが追加された

図5-71　コパイロットの追加

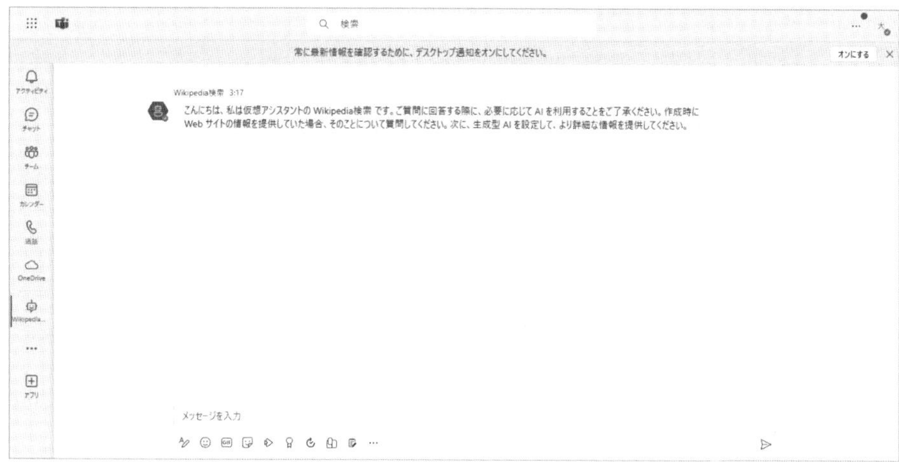

図5-72 Teams上でコパイロットと会話できるようになった

コラム　他のユーザーも利用できるようにするには

他のユーザーも利用できるようにするには、Teamsチャネルの設定画面（図5-70）で、［可用性オプション］ボタンをクリックします。

［リンクのコピー］をクリックすると、インストールするためのリンクをコピーできます。このリンクを他のユーザーに配布してクリックしてもらえば、図5-71と同じ画面が出て、各自のTeamsに追加できます。

ほかにも、Teamsアプリストアで表示したり、ZIPファイルとしてダウンロードして、それをインストールする方法もあります。

詳細については、「チャットボットをMicrosoft Teamsに追加」（https://learn.microsoft.com/ja-jp/microsoft-copilot-studio/publication-add-bot-to-microsoft-teams）を参照してください。

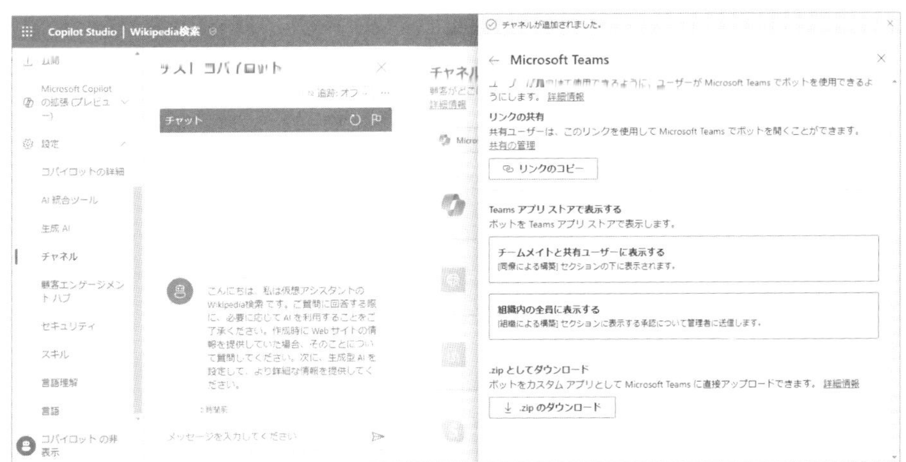

図5-73　可用性オプション

5-5-4　その他のサービスと組み合わせて利用する

チャネルを作成することで、Power AppsやTeams以外から呼び出すこともできます。

認証設定

公開直後の状態では、Power AppsやTeamsのみ利用できるよう認証設定がされています。これら以外から呼び出すには、認証設定の変更が必要です。

［セキュリティ］メニューをクリックし、［認証］をクリックすると、その設定を変更できます（**図5-74**）。**図5-75**に示したように、認証の設定は3種類あります（**表5-3**）。例えば［認証なし］に設定すれば、誰でも、どのサービスからでも、このコパイロットを呼び出せるようになります。

memo ［認証なし］の設定は、URLさえ知っていれば誰でも利用できる点に注意してください。これはセキュリティの問題だけでなく、誰かに利用されてしまったために、AIクレジットを消費するというコストの問題もあります。

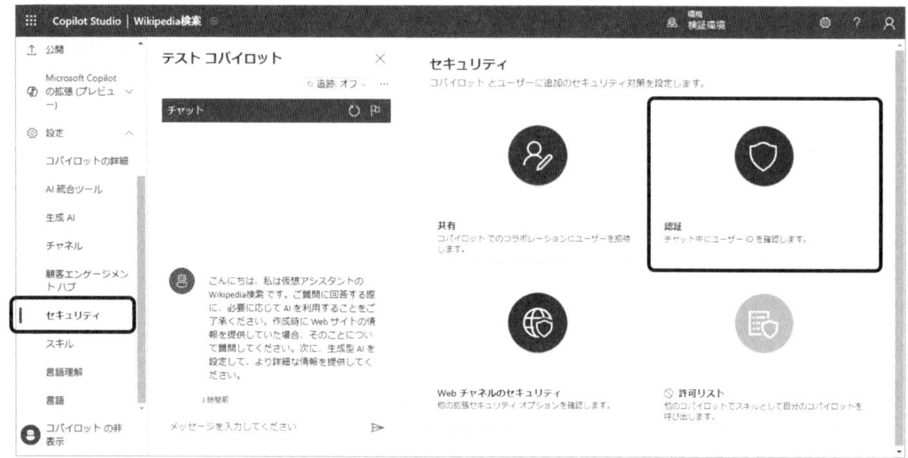

図5-74 ［セキュリティ］メニューをクリックしたところ

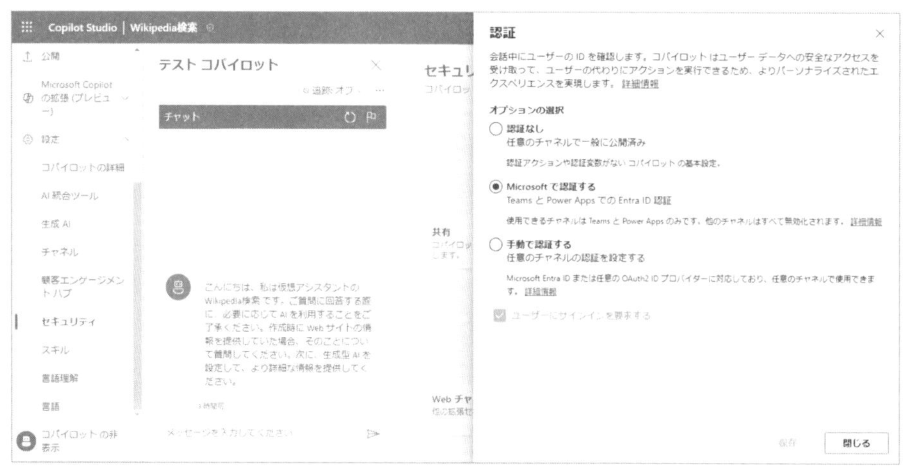

図5-75 認証

表5-3　認証の設定

オプション	意味
認証なし	認証なしで URL さえ知っていれば、誰でも使えます
Microsoft で認証する	デフォルトです。Teams と Power Apps において、Entra ID 認証をします。この設定を選択したときは、Teams と Power Apps 以外のチャネルは、無効化されます
手動で設定する	Microsoft Entra ID もしくは OAuth2 を用いて認証します

Webアプリとして使う

［認証なし］に設定すれば、さまざまなサービスと連携できます。ここでは、Webアプリから呼び出す方法を説明します。

手順　認証なしでWebアプリから使う

[1] 認証なしに変更する

前掲の図5-75で［認証なし］を選択し、［保存］をクリックします。確認メッセージが表示されるので、さらに［保存］をクリックすると、変更が反映されます（図5-76）。

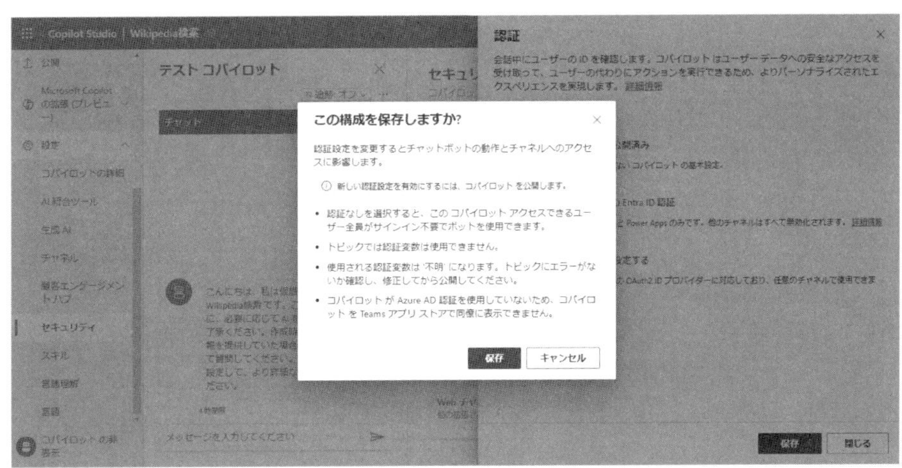

図5-76　認証設定を変更してよいかの確認メッセージ

[2] 公開し直す

セキュリティの設定変更を反映するため、「5-5-1　公開する」で説明した通りの手順で、公開し直します。

[3] デモWebサイトを公開する

［チャネル］メニューをクリックしてチャネルを追加します。ここでは、「デモWebサイト」を追加します。

「デモWebサイト」をクリックしてください（図5-77）。

図5-77　「デモWebサイト」を追加する

すると、ようこそメッセージや会話を切り出す話題の入力欄があります。カスタマイズもできますが、ここでは、デフォルトのままとします。

デモページのURLは、「Webサイトの共有」の部分に記されています。［コピー］をクリックしてURLをコピーし、あとで、全社員で、その情報を共有するとよいでしょう。設定したら、［保存］をクリックします（図5-78）。

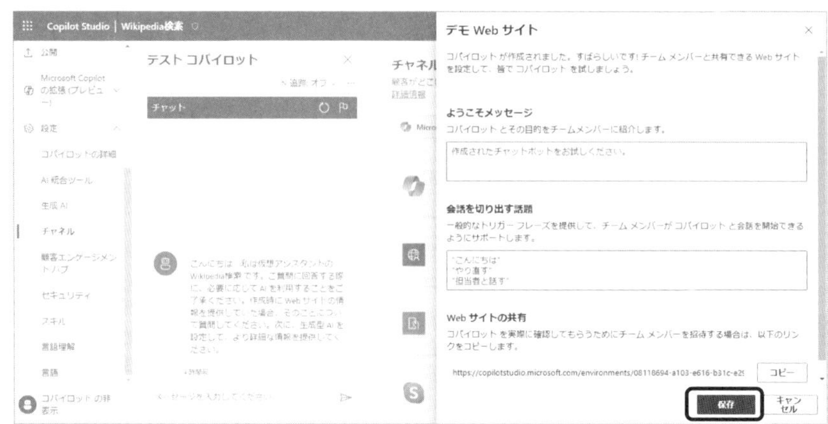

図5-78　保存する

[4] アクセスして確かめる

図5-78の「Webサイトの共有」に記載されたURLを、ブラウザーの別のウィンドウで開いてみます。すると、ブラウザーからチャットできます（**図5-79**）。

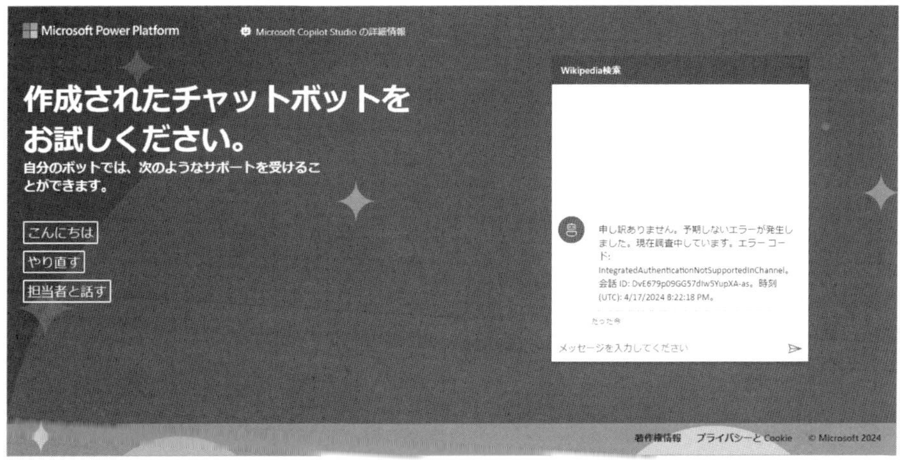

図5-79　ブラウザーからチャットできるようになった

ここでは、デモWebサイトを選びましたが、もちろん、HTMLやJavaScriptをカスタムすることもできます。そうすれば、自社のWebサイトに、お客様からの質問で使えるチャットボックスを埋め込むことも難しくありません。

Appendix

Power Platformの開発環境を構築する

A-1 Power Platform開発環境

この章では、Power Platform開発を始めるための開発環境の構築方法について解説します。Power Platformは、Microsoft 365（Office 365）の「テナント」と呼ばれる区画で動作します。本書では「Office 365 E3（Teamsなし）の試用版」を構築してテナントを作り、そこに「Microsoft Teams Essentialsの試用版」をインストールします。これを本書においてPower Platform開発を進める土台とします。第2章では、この土台の上にPower Platformの基本的な構成やAI開発環境を導入する方法を解説します（**図A-1**）。

すでにMicrosoft 365（Office 365）のテナントを導入済みであれば、Office 365 E3（Teamsなし）やMicrosoft Teams Essentialsの試用版を使わずに、既存のテナントに対して、第2章で解説するAI開発機能を導入することでも進められます（本書では試用版を使っているので1カ月しか体験できませんが、既存のテナントを使えば、そうした制限がありません）。

memo 本章の内容は、2024年4月現在のものです。ライセンスやインストール方法は変更されることがありますので、最新の情報を確認してください。

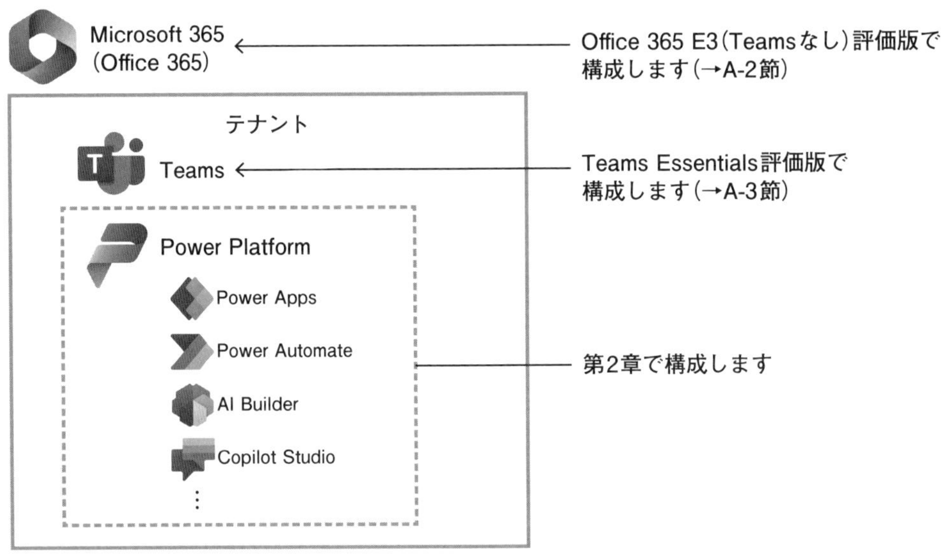

図A-1　本書におけるPower Platform開発環境

コラム　試用版の有効期限

試用版は、評価を目的とした環境です。実運用には使えませんが、ほぼフル機能を無料で利用できます。利用期間は1カ月です。Office 365 E3（Teamsなし）の試用版は、1回に限って有効期限を延長できます。延長するには、Microsoft 365管理センターの［課金情報］メニューから［お使いの製品］でOffice 365 E3（Teamsなし）を選択し、［試用版の終了日を延長する］の操作をします（**図A-2**）。

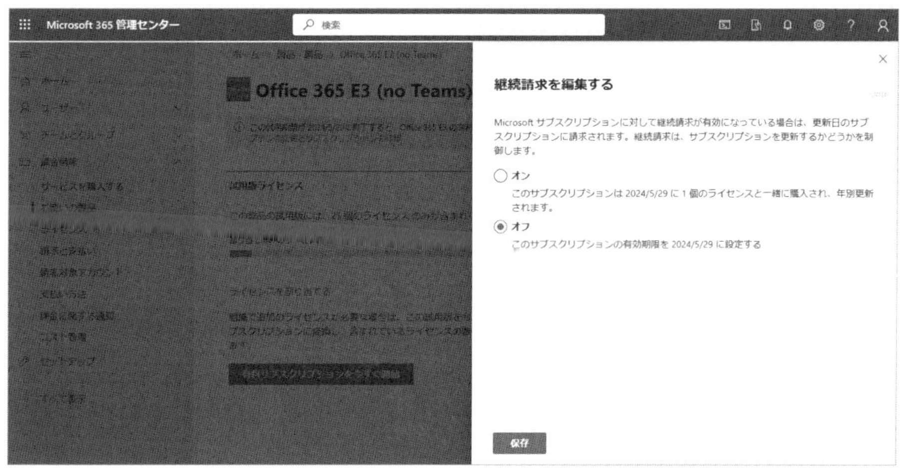

図A-2　試用版の有効期限

A-2 Office 365 E3（Teamsなし）試用版の導入

まずは、Office 365 E3（Teamsなし）試用版を導入します。

手順　Office 365 E3（Teamsなし）試用版の導入

[1] Office 365 E3（Teamsなし）を無料で試す

以下のURLにアクセスし、Office 365 E3（Teamsなし）の［無料で試す］をクリックします（**図A-3**）。

memo 以下の手順をブラウザーで操作する際、Microsoftアカウントをログオフするか、InPrivateウィンドウ（シークレットウィンドウ）などで開き、ログインしていない状態で操作してください。ログインした状態で操作すると、そのアカウントとサービスがひも付けられてしまう恐れがあります。

【Office 365 Enterpriseの価格とプランの比較】
https://www.microsoft.com/ja-jp/microsoft-365/enterprise/office365-plans-and-pricing

図A-3　Office 365 E3（Teamsなし）を無料で試す

[2] メールアドレスを入力する

試用版で利用するメールアドレスを入力します。Officeライセンスとひも付けられていないメールアドレスを入力し、[次へ] をクリックします（**図A-4**）。

図A-4　試用版で利用するメールアドレスを入力する

[3] アカウントのセットアップを始める

［アカウントのセットアップ］をクリックして、アカウントをセットアップしていきます（**図A-5**）。

memo 入力したメールアドレスが、すでにMicrosoftアカウントとして構成されている場合は、サインインして始めることもできますが、既存のOfficeライセンスが影響を受ける可能性もあるため推奨しません。

図A-5　アカウントのセットアップを始める

[4] 利用者情報などを入力する

「姓」「名」「会社名」などの必要事項を入力し、［次へ］をクリックします（**図A-6**）。

図A-6　利用者情報を入力する

[5] SMS（または音声）での認証をする

SMS（または音声）で本人確認をします。SMSを利用するのであれば、［自分にテキストメッセージを送信（SMS認証）］をクリックし、スマホなどSMS受信できる端末の電話番号を入力して［確認コードを送信］をクリックします（**図A-7**）。SMSに認証コードが届いたら、そのコードを入力して［確認］をクリックします（**図A-8**）。

図A-7　確認コードを送信する

図A-8　SMSで届いた認証コードを入力する

[6] ユーザー名およびドメイン名、パスワードを設定する

利用したいユーザー名およびドメイン名、パスワードを入力します。ドメイン名は、他の人が利用していない任意の名前を利用できます（**図A-9**）。

memo ここで指定したドメイン名が、Microsoft 365（Office 365）のテナント名となります。

図A-9　ユーザー名、ドメイン名、パスワードを設定する

[7] 支払い方法の設定

試用版の期限が切れたあとの請求方法を指定します。［お支払い方法の追加］をクリックし、決済に用いるクレジットカード情報などを入力してください（**図A-10**、**図A-11**）。

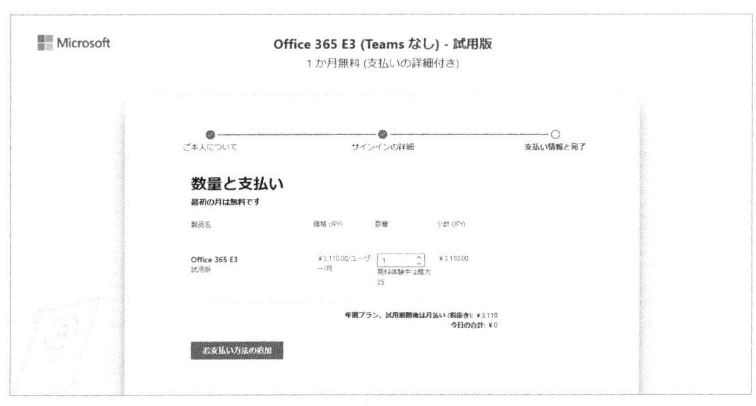

図A-10　支払い方法を追加する

図A-11　クレジットカード情報を入力する

[8] 無料版を開始する

確認画面が表示されます。問題なければ、[無料版を開始] をクリックしてください（**図A-12**）。

図A-12　無料版を開始する

[9] 試用版が使えるようになった

試用版が使えるようになりました。[Office 365 E3 (Teamsなし) - 試用版の使用を開始する] をクリックすると (**図A-13**)、Microsoft 365アプリ (WindowsクライアントにインストールするWordやExcelなどのソフトウェア) のインストール画面に遷移します。

本書では、Microsoft 365アプリを使わないので [セットアップの終了] をクリックします (**図A-14**)。すると、Microsoft 365管理センターに遷移し、Office 365 E3 (Teamsなし) の試用版が使えるようになります (**図A-15**)。

図A-13　試用版の使用を開始する

図A-14　セットアップの終了

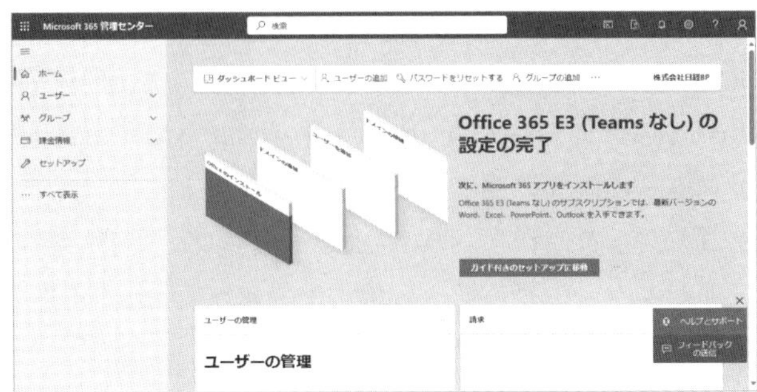

図A-15　Microsoft 365管理センター

A-3 Teams Essentialsの試用版の導入

続いて、このMicrosoft 365環境に、Teams Essentialsの試用版を導入していきます。Teams Essentialsを導入したあとは、利用できるユーザーのひも付けも必要です。

Teams Essentialsの試用版の導入

まずは、前節で構成したOffice 365 E3の環境に、Teams Essentialsの試用版を導入します。

手順 Teams Essentialsの試用版を導入する

[1] Teams Essentialsを無料で試す

以下のURLにアクセスし、Teams Essentialsの［1か月間無料で試す］をクリックします（**図A-16**）。

> **【オンライン ビジネス オプションの価格とプランの比較】**
> https://www.microsoft.com/ja-jp/microsoft-teams/compare-microsoft-teams-business-options

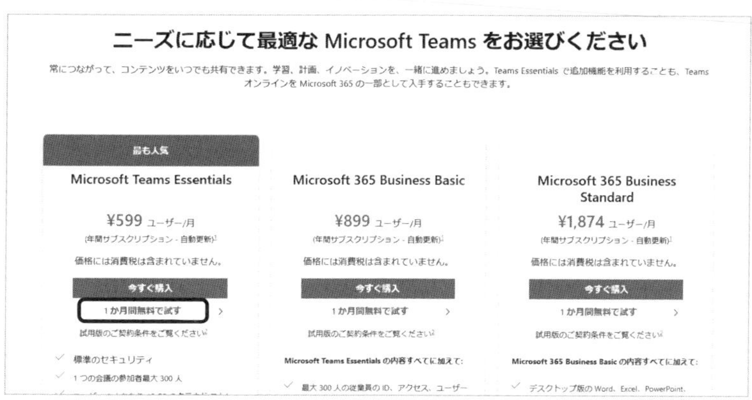

図A-16　Teams Essentialsを無料で試す

[2] 対象アカウントの確認（もしくはサインイン）

Teams Essentialsの導入先のアカウントを選択します。これまでの手順では、すでに「A-2　Office 365 E3（Teamsなし）試用版の導入」で構成したアカウント（テナントのアカウント）が選択されているはずなので、そのまま［続ける］をクリックします（図A-17）。

memo　ほかのアカウントが表示されたときは、一度ログアウトし、「A-2　Office 365 E3（Teamsなし）試用版の導入」で構成したテナントのアカウントでサインインし直してから進んでください。

図A-17　対象アカウントの確認

[3] 試用版を選択する

［プランを選択］から、［試用版］と書かれているほうを選択します（図A-18）。

図A-18　試用版を選択する

[4] 注文する

確認画面が表示されるので、内容に誤りがなければ［注文］をクリックします（図A-19）。

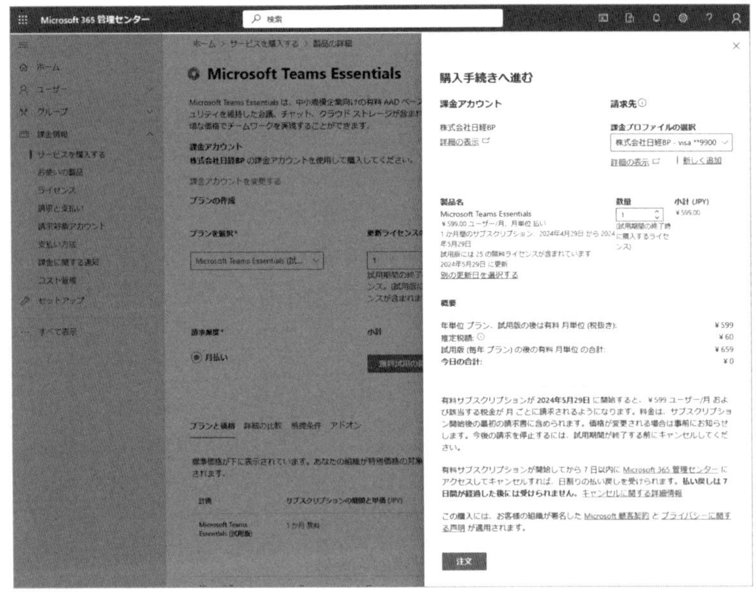

図A-19　注文する

[5] 導入完了

以上で、導入完了です。図A-20の画面が表示されます。［×］をクリックすると、Microsoft Teams Essentialsのサービス画面に遷移します（図A-21）。

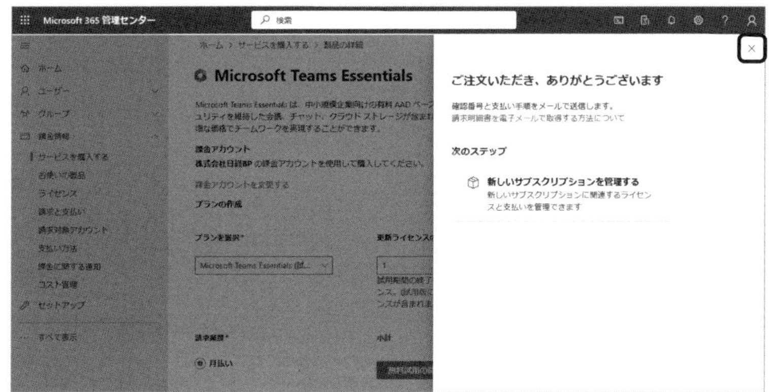

図A-20　導入完了

図A-21　Microsoft Teams Essentialsのサービス画面

ライセンスの割り当て

引き続き、Teamsのライセンスをユーザーに割り当てて、利用できるようにします。

手順 ライセンスを割り当てる

[1] Teamsのライセンス画面を開く

Microsoft 365管理センターから、[課金情報] ― [ライセンス] をクリックして開きます。ライセンス画面が開いたら、[Microsoft Teams Essentials] をクリックします（図A-22）。

memo Microsoft 365管理センターは、https://admin.microsoft.com/で開けます。

図A-22 Microsoft Teams Essentialsのライセンス設定画面を開く

[2] ライセンスの割り当てを始める

[＋ライセンスの割り当て] をクリックし、ライセンスの割り当てを始めます（図A-23）。

図A-23 ライセンスの割り当てを始める

[3] 割当先のアカウントを選択する

割当先のアカウントを選択します。ユーザー名やメールアドレスなどで検索して該当のアカウントを探し、[割り当て] をクリックします（図A-24）。

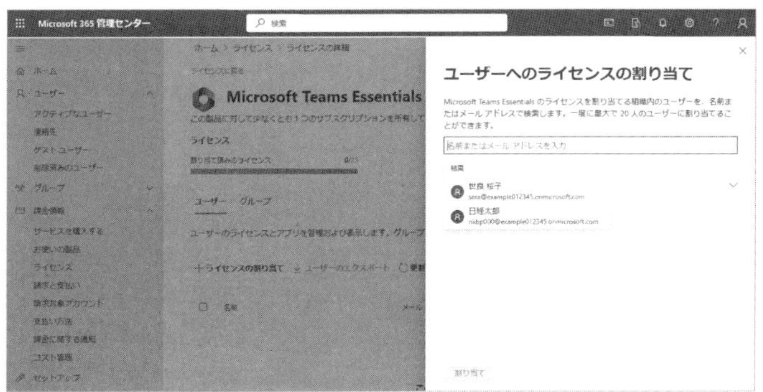

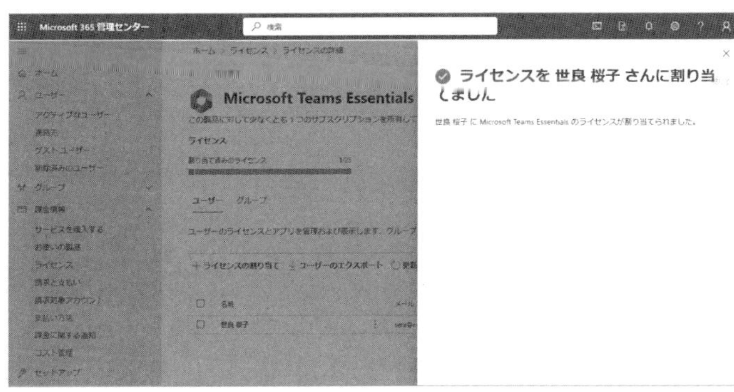

図A-24　割当先のアカウントを選択する

Teamsを開くには

ライセンスを割り当てられたアカウントは、Microsoft 365ホーム画面左上のワッフルボタンをクリックすると、Teamsのアイコンが表示され、ここからTeamsを利用できます（**図A-25**、**図A-26**）。

> ***memo*** ワッフルボタンとは、9個の点で構成された左上のボタンのことです。

図A-25　ワッフルボタンからTeamsを開く

図A-26　Teamsの画面が表示された

多要素認証が要求されたときは

Office 365のアクセスにおいて、**図A-27**のように「アクションが必要」という画面が表示されたら、多要素認証の設定をする必要があります。この場合は、[次へ]をクリックして、次のように操作します。多要素認証が要求されない場合はスキップして読み進めてください。

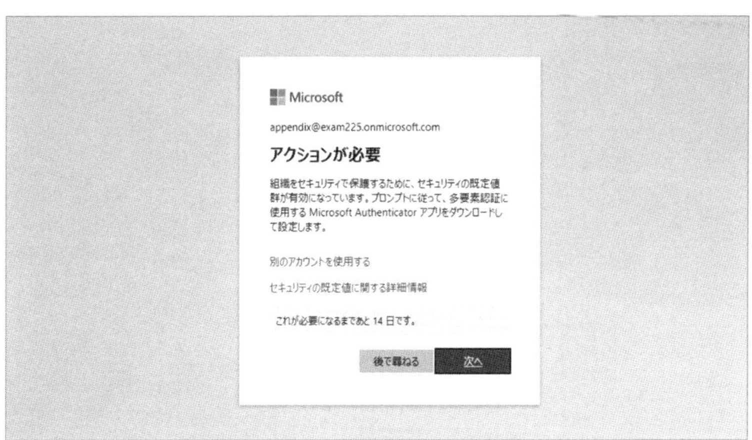

図A-27　多要素認証の要求

手順 多要素認証の設定

[1] スマホにMicrosoft Authenticatorアプリをインストールする

画面の指示に従って、スマホにMicrosoft Authenticatorアプリをインストールします。インストールが完了したら、［次へ］をクリックします（図A-28）。

memo この作業はPC上の作業ではありません。スマホを操作し、Google PlayやApp Storeからアプリをダウンロードしてインストールします。

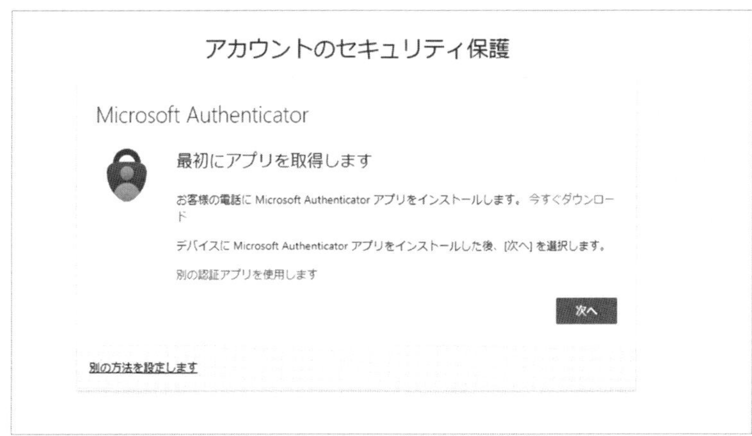

図A-28　Microsoft Authenticatorアプリをインストールする

[2] アカウントのセットアップ

図A-29の画面が表示されます。スマホ上でMicrosoft Authenticatorアプリを起動してから、[次へ]をクリックします。

図A-29　アカウントのセットアップ

[3] アカウントを構成する

PCの画面が、図A-30のようにQRコード表示に切り替わります。

スマホ上でアカウントを追加する操作をします。Microsoft Authenticatorアプリを起動し、右上の[+]をクリックして[職場または学校アカウント]を選択して追加します(図A-31)。そして[QRコードをスキャン]をクリックしてカメラを起動し、図A-30で表示されているQRコードを読み取ります(図A-32)。

memo　スマホの画面は、AndroidかiPhoneかによって異なります。

図A-30　PCに表示されたQRコード

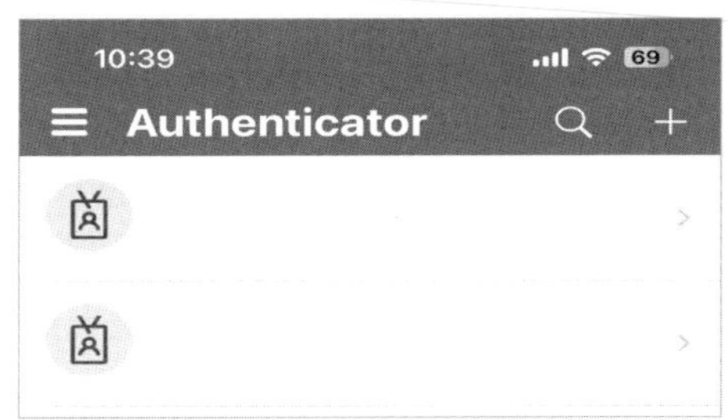

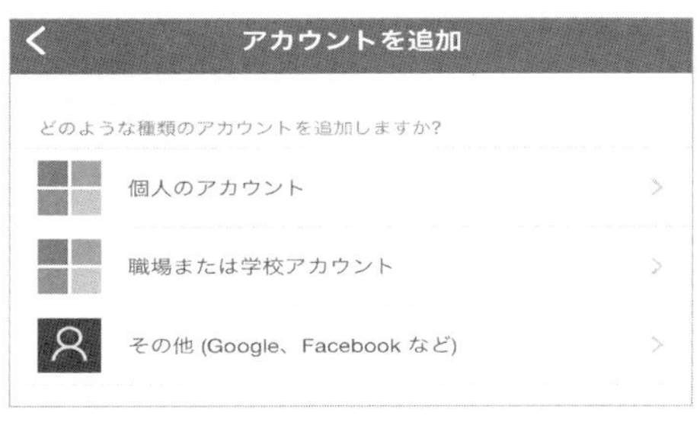

図A-31　職場または学校のアカウントを追加する

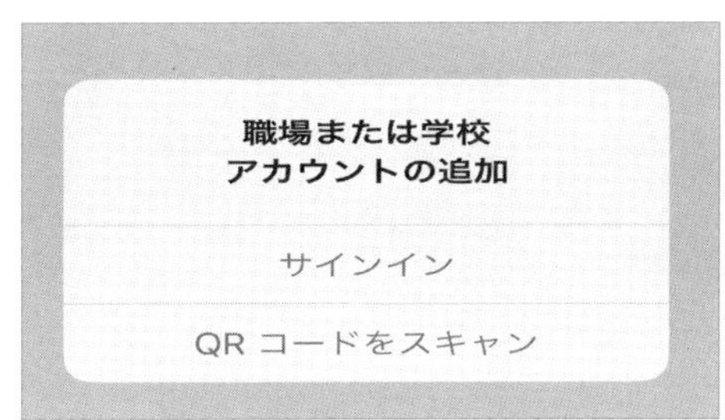

図A-32　QRコードをスキャンする

[4] 多要素認証を試す

QRコードの読み取りが終わったら、**図A-30**において［次へ］をクリックします。すると、**図A-33**のように数字が表示されます。それと同時に、スマホにも通知が届き、正しいかを確認するメッセージが表示されます（**図A-34**）。ここで［はい］をタップすることで、該当のアカウントでログインできます（**図A-35**）。

このように多要素認証を設定すると、サインインの際に、いま試したのと同じメッセージがスマホに届き、スマホ側から［はい］をタップしないとサインインできないようになります。

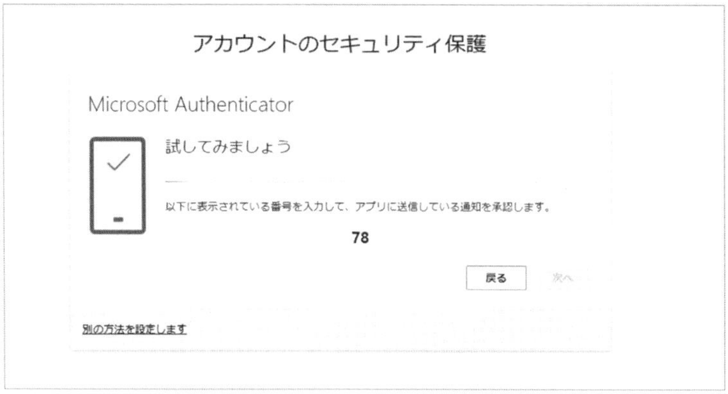

アカウントのセキュリティ保護
Microsoft Authenticator
試してみましょう
以下に表示されている番号を入力して、アプリに送信している通知を承認します。
78
戻る
次へ
別の方法を設定します

図A-33　多要素認証中（スマホの操作待ち。スマホで［はい］をタップすると、図A-35に進む）

サインインしよう
としていますか?
exam
appendix@exam225.onmicrosoft.com
表示されている番号を入力して、サイン
インしてください。
78
いいえ、私はしていません
はい

図A-34　スマホに届いたメッセージ

アカウントのセキュリティ保護
成功
セキュリティ情報が正常にセットアップされました。[完了] を選択し、サインインを続行します。
既定のサインイン方法:
Microsoft Authenticator
完了

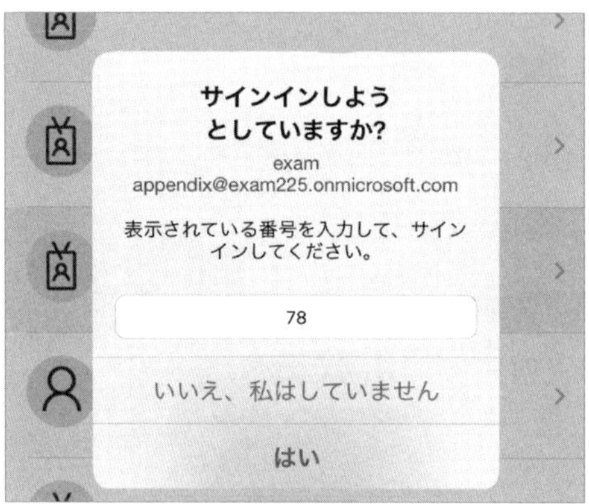

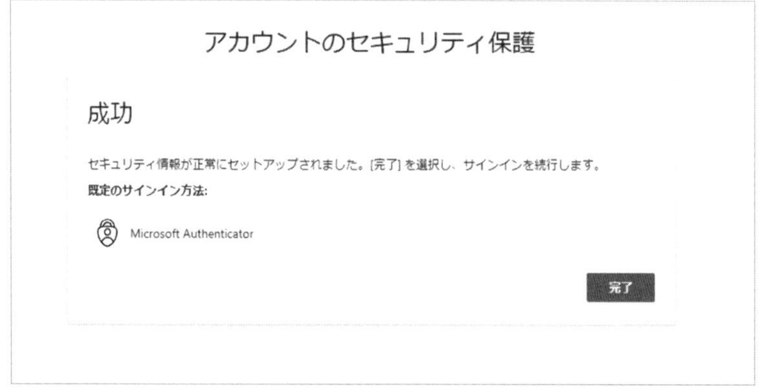

図A-35　認証完了

有償プランへの自動移行を避けるには

試用版の期限が過ぎると自動で有償プランへと移行します（そして課金が始まります）。有償プランへの自動移行を避けるには、次のようにします。

手順 有償プランへの移行を避ける

[1] 設定したい製品を選択する

Microsoft 365管理センターの画面を開き、［課金情報］—［お使いの製品］をクリックして開きます（**図A-36**）。利用製品の一覧が表示されたら、有償プランへの移行を避けたい製品をクリックします。例えば、［Office 365 E3 (no Teams)］をクリックします。

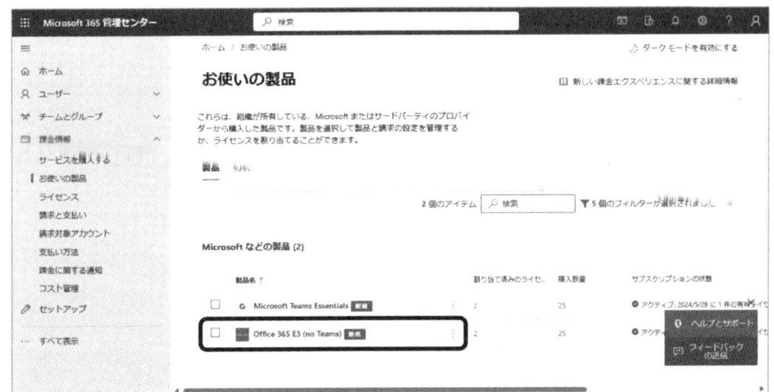

図A-36　製品を選択する

[2] 継続請求を編集する

［試用版サブスクリプション］の欄にある［継続請求を編集する］をクリックします（**図A-37**）。

図A-37　継続請求を編集する

[3] 継続請求をオフにする

［オフ］を選択して［保存］をクリックします。オフに設定してよいか尋ねられたら［はい］をクリックしてください（**図A-38**）。継続請求の欄が「オフ、○○○○/○○/○○に期限切れ」の表記に変わります（**図A-39**）。同様に、この一連の操作を［Microsoft Teams Essentials］にも適用してください。

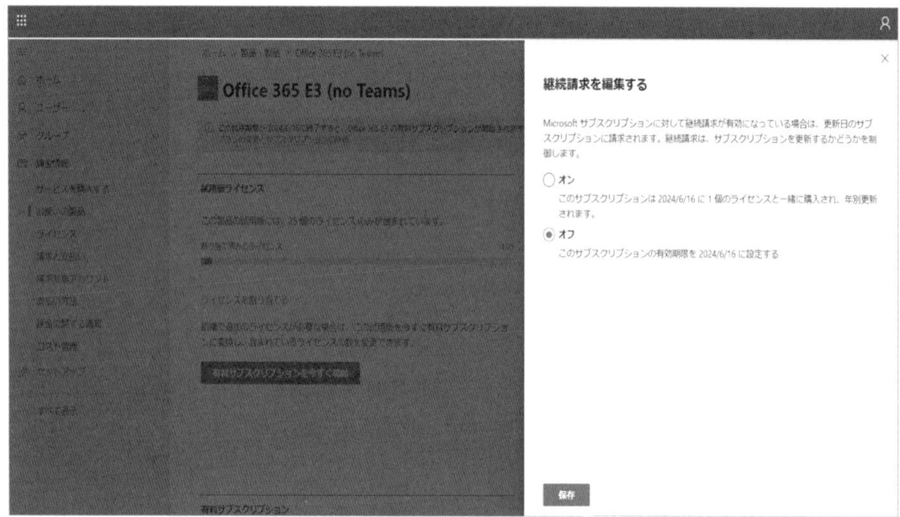

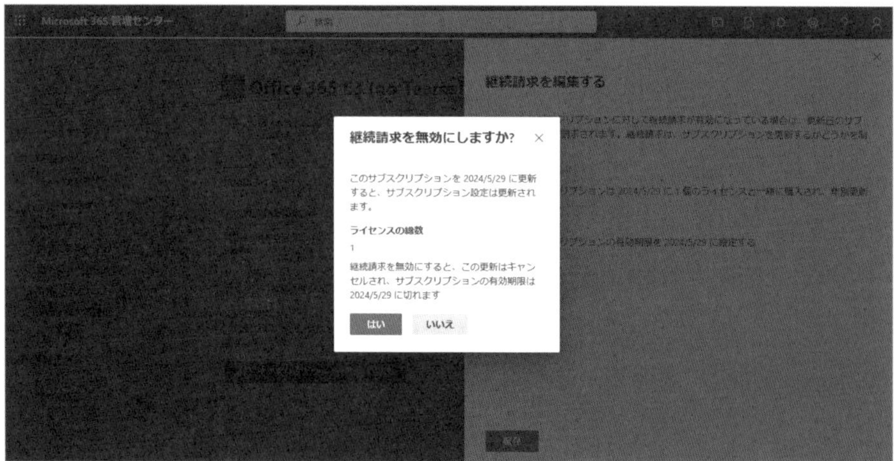

図A-38　継続請求をオフにする

図A-39　継続請求がオフになった

著者

大澤 文孝（おおさわ ふみたか）

技術ライター、プログラマ／システムエンジニア／インフラエンジニア
専門は、Webシステム。「情報セキュリティスペシャリスト」「ネットワークスペシャリスト」を保有し、Webシステム、データベースシステムを中心とした記事を多数発表しています。

技術監修

パーソルクロステクノロジー株式会社　モダンアプリソリューション部

マイクロソフト社のAI、ローコード、ビジネスアプリケーション製品を扱うコンサルタントおよびスペシャリスト集団。Power Platformを用いたローコード開発による市民開発者支援、デジタルリスキリングに対応したDX人材育成支援、クラウドサービスを意識した最適なビジネスアプリケーション、Dynamics 365を用いた業務コンサルティング、開発支援を行っています。

さわって学べるPower Platform Copilot

2024年6月17日　第1版第1刷発行

著　　者	大澤 文孝
技術監修	パーソルクロステクノロジー株式会社　モダンアプリソリューション部
発 行 者	浅野 祐一
発　　行	株式会社日経BP
発　　売	株式会社日経BPマーケティング
	〒105-8308　東京都港区虎ノ門4-3-12
装丁・制作	マップス
編　　集	松山 貴之
印刷・製本	図書印刷

Printed in Japan
ISBN978-4-296-20483-0